本书的出版和研究得到了以下项目的资助：

1. 淮安市毫米波通信技术重点实验室项目 HAP202306

2. 淮安市自然科学研究计划HAB202236

3. 江苏省智能电磁感知与通信重点建设实验室项目

4. 毫米波全国重点实验室开放研究课题 K202406

曹志翔　孟洪福　李清波　杨　锦　孙继文　著

# 毫米波稀布阵天线
# 及封装天线的研究和设计

江苏大学出版社
JIANGSU UNIVERSITY PRESS

镇　江

**图书在版编目(CIP)数据**

毫米波稀布阵天线及封装天线的研究和设计 / 曹志
翔等著. -- 镇江：江苏大学出版社，2024. 9. -- ISBN
978-7-5684-2302-1

Ⅰ. TN82

中国国家版本馆 CIP 数据核字第 2024VA7636 号

毫米波稀布阵天线及封装天线的研究和设计
Haomibo Xibuzhen Tianxian Ji Fengzhuang Tianxian De Yanjiu He Sheji

著　者/曹志翔　孟洪福　李清波　杨　锦　孙继文
责任编辑/许莹莹
出版发行/江苏大学出版社
地　　址/江苏省镇江市京口区学府路 301 号（邮编：212013）
电　　话/0511-84446464（传真）
网　　址/http://press.ujs.edu.cn
排　　版/镇江市江东印刷有限责任公司
印　　刷/镇江文苑制版印刷有限责任公司
开　　本/710 mm×1 000 mm　1/16
印　　张/8
字　　数/150 千字
版　　次/2024 年 9 月第 1 版
印　　次/2024 年 9 月第 1 次印刷
书　　号/ISBN 978-7-5684-2302-1
定　　价/45.00 元

如有印装质量问题请与本社营销部联系（电话：0511-84440882）

# 目　录

**第1章　绪论　001**

　1.1　研究背景及意义　001

　1.2　国内外研究现状　002

　1.3　研究内容及章节安排　016


**第2章　毫米波稀布阵优化技术研究　019**

　2.1　引言　019

　2.2　阵列天线的基本理论　020

　2.3　基于改进型遗传算法的稀布阵优化算法　023

　2.4　W 波段单脉冲稀疏阵列天线设计　033

　2.5　W 波段有源相控阵稀布阵天线设计　051

　2.6　本章小结　055


**第3章　应用于 W 波段封装集成天线的垂直互连技术研究　057**

　3.1　引言　057

　3.2　毫米波传输线理论和类同轴理论　058

　3.3　基于 PCB 多层板工艺的垂直互连结构设计　065

　3.4　基于 TSV 的垂直互连结构设计　069

　3.5　本章小结　073


**第4章　基于硅基三维集成工艺的 W 波段 AiP 研究　074**

　4.1　引言　074

　4.2　微带天线设计方法　074

　4.3　新型 AiP 结构　078

　4.4　无源 AiP 阵列设计　079

4.5　有源 AiP 阵列设计　085

4.6　本章小结　093

## 第 5 章　基于 HDI 的 W 波段 AiP 研究　094

5.1　引言　094

5.2　新型 AiP 结构　094

5.3　W 波段有源相控阵 AiP 设计　095

5.4　天线测试　102

5.5　本章小结　108

## 第 6 章　总结与展望　109

6.1　总结　109

6.2　展望　110

## 参考文献　112

# 第 1 章　绪 论

## 1.1　研究背景及意义

W 波段属于毫米波频谱范围的高频段,其频带范围为 75 GHz 到110 GHz,是毫米波大气传输窗口所在频段,同时由于其具有短波长、频带宽、波束窄等特点,在高分辨率雷达、高速率数据无线传输、高精度探测及成像等系统中有重要的应用,如 94 GHz 的机载合成孔径雷达成像(synthetic aperture radar,SAR)系统、77 GHz 的毫米波汽车防撞雷达系统以及 W 波段辐射成像系统等。与毫米波低频段相比,W 波段具有更高的工作频率和更宽的工作带宽,被认为是未来雷达和下一代通信技术发展中的重要频段[1-6],也一直是国内外学者的研究热点之一。

天线作为无线电波的收发器,是无线收发系统中最重要的器件之一,其性能的优劣将对系统的性能表现产生最直接的影响[7]。在雷达系统中,为了获得更高的空间分辨率,天线须具备增益高、波束窄以及副瓣电平低等性能指标。单个天线单元由于增益较低和波束较宽,往往很难满足系统需求,因此需利用将天线单元进行组阵的方法来得到高增益和窄波束[8]。对于有源相控阵系统而言,增加天线单元数量可以提高阵列增益并得到较窄波束的辐射方向图,但同时也会导致系统成本增加和复杂度提高的问题,尤其是在 W 波段。T/R 组件/芯片功率密度较大,数量增加后,其散热和可靠性也是目前比较难解决的问题。另外一种方法是采用稀疏阵列来实现窄波束的辐射方向图。阵列稀疏布置后,阵元数量大大减少,需要的 T/R 组件数量减少,相应的成本将降低,同时散热的问题也得到解决。对天线阵元分布位置的优化,还可以抑制副瓣电平。因此,开展毫米波稀布阵优化技术的研究,对推动相控阵天线技术在 W 波段的应用和发展,具有十分重要的意义。

此外,随着科学技术的不断发展和工艺水平的不断提高,毫米波系统正朝着高集成、高性能和高可靠性等方向发展。对系统而言,随着频率上升到 W 波段,传统的分离式天线与有源射频电路的互连方式将增加系统的损耗,从而恶化系统的性能。因此,开展片上天线(antenna on chip,AoC)及封装天线(antenna in package,AiP)的研究对提升高集成度的无线收发系统的性能有着重要的意义[9]。AoC 方案是基于半导体工艺直接将天线和芯片同时进行高集成度设计。但半导体工艺衬底材料的电阻率较低,厚度也较薄,这些因素往往制约着高性能片上天线的实现。综合成本、集成度和性能等因素,AoC 技术更适合于更高频率的太赫兹频段。而 AiP 技术基于封装材料和工艺,如低温陶瓷共烧(low temperature co-fired ceramic,LTCC)工艺、晶圆级封装(wafer level package,WLP)工艺、硅基三维集成工艺以及高密度互连(high density interconnector,HDI)封装工艺等,将天线和芯片设计在同一块封装内,从而实现系统的高集成度封装。AiP 技术符合硅基半导体工艺的高集成度发展方向,同时又兼顾了天线的性能、成本及体积要求,代表着近年来天线技术的重大突破及 5G 毫米波频段终端天线的技术升级方向,成了当前和今后的研究热点[9]。

综上,开展 W 波段稀布阵优化技术及封装天线的研究,对 W 波段天线技术及系统集成技术的发展具有十分重要的意义。

## 1.2　国内外研究现状

目前,为了实现高性能和高集成度的毫米波阵列天线,国内外专家和学者主要从天线单元、阵列综合技术以及集成工艺等方面做了大量的研究。本节将简要概述国内外稀布阵阵列综合理论和毫米波天线及封装天线的研究现状。

### 1.2.1　稀布阵阵列综合研究现状

从 1950 年开始,研究者开始关注基于稀布阵优化理论的阵列综合技术研究,并提出了诸多不同的计算与优化方法。本书将稀布阵天线综合优化算法的发展归纳为三个阶段,分别为概念形成期、快速发展期和融合改进期。稀布阵天线综合优化算法的发展历程如图 1-1 所示。

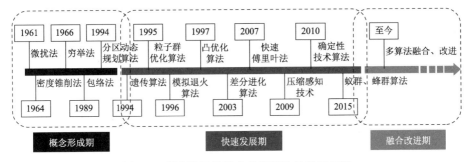

**图 1-1　稀布阵天线综合优化算法的发展历程**

第一阶段:概念形成期。20 世纪中期,受计算机发展水平的限制,最初提出的稀布阵优化方法更多的是基于概念层面且研究对象主要以结构较简单的一维线阵为主[10]。这一阶段提出的算法主要有微扰法、密度锥削法、穷举法、包络法以及分区动态规划算法等。

微扰法[11]最初由 Harrington 在 1961 年提出,该优化方法的思路是在等幅度激励的均匀线阵中添加微扰量使之生成非均匀分布的线阵,然后对目标方向图和新生成的线阵方向图的差进行傅里叶变换,从而求出微扰量的大小。密度锥削法[12]由 Skolnik 等人在 1964 年首次提出,该优化方法采用阵元的分布密度来拟合阵列的幅度加权,进而抑制阵列的副瓣电平。穷举法[13]由 Lo 等人于 1966 年首次应用于阵列综合研究,文中指出阵列天线的副瓣电平和阵元的分布有着十分复杂的关系,当阵列获得最小的副瓣电平时,其阵元分布并无明显的规律,即很难推导出一个可以预测低副瓣电平的解析公式。1989—1992 年,西安电子科技大学张玉洪等人[14-17]提出一种可以直接计算具有低副瓣电平阵列且包含阵元位置参数的包络方程。1994 年,电子科技大学姚昆等人提出了一种基于分区动态规划算法的稀布线阵优化方法[18],该方法将阵列分为不同的区域进而分区域处理,使之能够根据各区域对低副瓣电平的贡献值控制区域的计算复杂度和运算量,改善算法收敛性和提升计算效率。

这一阶段的稀布阵优化算法以概念形成为主,大部分算法都有一些制约条件或者缺点。微扰法只能用于小阵元间距的稀布阵阵列,当单元的间距较大如大于半个波长时,其低副瓣电平优化性能将下降。密度锥削法无法用于给定副瓣电平目标的阵列综合中。包络法中的计算方程是一种理论的优化方程,该方法未将实际阵元间距的约束条件考虑进去,因此,最终的优化结果可能会受到阵列实现和阵元间互耦的影响。

第二阶段:快速发展期。20 世纪 90 年代,计算机技术的快速发展也推动了智能优化算法的进步,许多模拟自然界现象和规律的优化算法陆续问世,为解决天线阵列综合问题提供了新的方法。借助于计算机较强的性能和算力,所研究的稀布阵的阵列规模也扩展为面阵和大规模阵列。这一阶段比较有代表性的智能优化算法有遗传算法、粒子群优化算法、模拟退火算法、凸优化算法、差分进化算法等。

遗传算法(genetic algorithm, GA)[19-22]是一种比较经典的具有全局搜索能力的迭代优化算法。遗传算法是根据大自然生物体进化规律而设计提出的,最早由美国的 Holland 教授于 1975 年提出[23]。1994 年,Johnson 等人[19]首次将遗传算法应用到稀布阵阵列优化中,文中详细介绍了基于遗传算法的一维线阵和二维面阵的稀布阵优化方法。模拟退火算法(simulated annealing algorithm,SAA)[24-26]的出发点是模拟物理中固体的退火过程,用以求解组合优化的相关问题。1996 年,Murino 等人[24]首次将模拟退火算法应用到稀疏阵列优化问题中,以最少的阵元数目来获得较低的副瓣电平。粒子群优化(particle swarm optimization,PSO)算法[27,28]是基于鸟类群体觅食策略而设计提出的一种具有易编程、易实现和快速收敛特点的随机搜索算法。为了考虑稀布阵阵列的实际约束条件和进一步提高算法的计算效率,学者们还将差分进化(differential evolution,DE)[29]、蚁群(ant colony,AC)[30]、蜂群(bee colony,BC)[31]等智能搜索算法应用到稀布阵阵列综合中。此外,凸优化(convex optimization)[32]与压缩感知(compressed sensing)[33]技术等优化算法也成为近年来阵列综合问题的研究热点。

这一阶段提出和发展的各类稀布阵智能优化算法的优化性能有了大幅度提升,但也有进一步完善的空间。进化类算法和群智能算法在优化过程中搜索规则较复杂,因此算法复杂程度更高,若降低搜索规则复杂度则会引起算法的搜索效率降低、收敛性变差以及"早熟"等问题。因此,研究稀布阵智能优化算法时,应根据所研究阵列天线自身特点和优化需求,在搜索代价与算法性能之间寻求平衡点,这对于稀布阵的工程实现有着十分重要的研究价值。

第三阶段:融合改进期。为了进一步改善和提升稀布阵智能优化算法性能,对经典智能优化算法进行改进,或将其与神经网络等其他智能算法相融合,这也是现阶段稀布阵优化算法的研究热点。

2013 年,西安电子科技大学 Wang 等人,针对基于快速傅里叶变换(fast

Fourier transform，FFT）的稀布阵优化算法中阵元保留方法存在的不足，提出了一种改进的 FFT 稀布阵优化技术，实现了在阵列主波宽几乎不变的情况下减少大规模阵列阵元数目和降低副瓣电平[34]的目的。2015 年，Oliveri 等人提出一种混合型的稀布阵智能算法，该方法将经典的粒子群优化算法与凸优化算法相融合，以提高算法的效率。他们使用该融合算法对稀布阵阵列进行优化，使其具有尽可能低的副瓣电平和高增益，获得了比较好的优化结果[35]。除了新的稀布阵优化算法的提出外，对已有经典算法的加速和完善也是研究热点。迭代算法需要大量反复计算阵列方向图，因此加快阵列方向图的计算可以显著降低算法的复杂度。为了进一步提高算法的精度和增强稀布阵的工程应用性，许多学者开始将天线单元互耦合影响引入稀布阵算法，其中基于有源单元方向图法的阵列方向图计算方法是主流方法和研究热点。但是在实际工程中，因阵列的形状和阵元分布的影响，阵列中各个单元的有源方向图并非完全相同。减少需要计算的单元有源方向图的数目，是提升稀布阵算法效率的重要途径。2015 年，电子科技大学的 Liu 等人基于最小均方有源单元方向图展开（least-square active element pattern expansion，LS-AEPE）方法提出了一种可以快速计算稀布阵列方向图的方法[36,37]。2016 年，南京理工大学的王建等人将压缩感知理论和低秩矩阵填充理论相结合，提出了一种基于数据重构的稀布阵波束优化算法，以解决现有稀布阵波束形成技术存在的不能进行波束扫描和自适应干扰抑制等问题[38]。2017 年，Huang 等人又提出了一种基于快速傅里叶变换的混合算法，将阵元间互耦因素考虑到阵列综合过程中，并以微带阵列天线为验算实例，通过测试验证了算法的有效性[39]。同年，南京理工大学 Yan 等人提出基于酉矩阵束的扩展方法，在实现高精度赋性的同时大大降低了计算复杂度[40]。2020 年，电子科技大学 Hong 等人[41]提出了一种基于传递函数的人工神经网络模型，用于有限周期阵列的参数化建模，将考虑相互耦合影响的有源方向图技术应用到阵列分析中。2021 年，Bai 等人[42]又提出基于矢量最小二乘法的迭代 FFT 的方法求解有源单元方向图，并通过算例验证了方法的有效性。

　　总之，我国在稀布阵优化算法领域有了相当多的研究成果。但目前大部分的稀布阵优化算法主要针对天线阵列的固定法向波束（$E$ 面和 $H$ 面法向波束）进行优化，较少考虑到有源相控阵天线在波束扫描时多面多波束地同步优化。所以，在分析和研究稀布阵阵列综合时，将理论算法和工程实际需求相结合，也是一个很有价值的研究方向。

### 1.2.2　毫米波天线及封装天线的研究现状

严格意义来说,毫米波封装天线属于毫米波天线的范畴。为了凸显封装天线自身的特点,本节的毫米波天线指的是基于传统加工工艺如印制电路板(printed circuit board,PCB)、金属加工等的分离式天线,而封装天线指的是基于封装集成工艺如 LTCC、HDI 及 WLP 等集成技术将天线和有源射频通道集成而成的有源封装系统,因此这里将毫米波天线和封装天线的研究现状分别进行介绍。此外,本书主要研究的是 W 波段天线,因此本节内容以 W 波段天线为主。

#### 1.2.2.1　毫米波天线的研究现状

最早的毫米波的应用可以追溯到 20 世纪 50 年代机场交通管制所用的毫米波雷达[43]。20 世纪 90 年代,高性能的大功率毫米波行波管的问世促进了毫米波集成电路突飞猛进的发展,同时,毫米波天线和单片毫米波集成电路的快速进展使毫米波技术在军事和民用通信领域得到广泛的应用,特别是近年来较火热的 5G 通信和毫米波 77 GHz 汽车防撞雷达的大规模商用,促进了毫米波的腾飞式发展。

毫米波的大规模应用也促进了毫米波天线向高性能和高集成度两个方向发展。其中,应用于 W 波段的天线种类主要有口径类天线、波导缝隙天线、基片集成波导天线和微带天线等。

口径类天线主要包括喇叭天线、反射面天线和透镜天线三类。口径类天线的优势是加工简单且易获得高性能,缺点为尺寸通常较大,且不具低剖面结构。因此,很多学者致力于 W 波段低剖面和小尺寸的口径类天线的研究。北京航空航天大学的 Shen 等人设计了一款 W 波段低剖面和低副瓣的单脉冲喇叭阵列天线[44],如图 1-2(a)所示,此单脉冲阵列天线由辐射喇叭阵列、双层馈电网络以及和差网络组成,总剖面厚度为 5 mm。测试结果表明,该阵列天线在 92 GHz ~ 94 GHz 范围内,峰值增益超过 35.6 dBi,副瓣电平低于 −21 dB。东南大学毫米波国家重点实验室孟洪福等人设计和加工了一款 W 波段的小型化的双极化单脉冲卡塞格伦天线[45],如图 1-2(b)所示,该天线将馈源喇叭、和差器及正交模耦合器进行集成设计。测试表明,该天线带宽约 3.7 GHz,极化隔离度优于 35 dB,和波束增益大于 37.9 dBi,副瓣电平优于 −15 dB,差波束零深优于 −25 dB。电子科技大学的邓作等人设计了一款 W 波段宽带的平面反射阵天线[46]，平面反射阵中的周期单元尺寸为（1.9×1.9）mm²，总面积为（100×134）mm²，测试表明其中心频点的增益可达 39.3 dBi，在 93 GHz~96 GHz 的频率范围内副瓣电平低于−16 dB。东南大学毫米波国家重点实验室的 Pan 等人设计和加工了集成 115 GHz 振荡器的折叠反射阵列[47]，如图 1-2(c)所示，实验测试表明，该折叠反射阵列具有低成本、低剖面和高增益等特点。

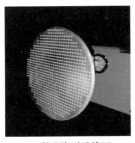  

(a) 喇叭阵列天线[44]　　　　(b) 卡塞格伦天线[45]　　　　(c) 折叠反射阵列[47]

**图 1-2　低剖面和小尺寸 W 波段口径天线**

波导缝隙天线通过在矩形波导壁上开出半波缝隙而成，它的主要优势是具有较高的功率容量、易于实现低副瓣电平、加工制作简单以及具有低剖面结构等。2013 年，北京理工大学的时亮等人设计并加工了一款 W 波段波导缝隙驻波阵阵列天线[48]，天线实物图如图 1-3(a)所示，经测试，该天线在 94 GHz 处的增益约为 22.3 dBi。2014 年，西安电子科技大学的李绪平等人设计了一款低剖面的可抑制副瓣电平的多层 12×20 单元的平板缝隙阵天线[49]，测试表明，该天线在 95 GHz 频点处的增益约为 28 dBi 且副瓣电平低于−21.4 dB。2017 年，东南大学毫米波国家重点实验室的檀雷等人设计了一款 W 波段低副瓣波导缝隙行波阵天线[50]，天线实物图如图 1-3(b)所示，他们针对 W 波段波导缝隙加工难度大的问题提出了一种改进的设计方法，测试表明，该 72 阵元的阵列天线在 77 GHz 频点处天线增益可达 23.5 dBi，副瓣电平低于−20 dB。2020 年，东南大学毫米波国家重点实验室 Meng 等人设计了一款将辐射缝隙和功分器网络放置在单层的波导缝隙低剖面阵列天线[51]中，如图 1-3(c)所示，天线剖面高度仅为 8 mm，经测试，该 8×9 阵列天线增益约为 25.9 dBi，交叉极化低于−35 dB。

  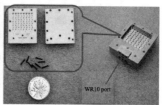

(a) 驻波阵[48]　　　　　(b) 行波阵[50]　　　　　(c) 低剖面缝隙阵[51]

**图 1-3　W 波段波导缝隙阵列天线**

基片集成波导（substrate integrated waveguide，SIW）技术，是以加拿大蒙特利尔大学吴柯和东南大学毫米波国家重点实验室洪伟为主推行的一种毫米波平面传输的新技术[53]。SIW 结构类似于金属波导，可以看作填充介质的矩形波导，其通过金属化过孔替代矩形波导窄壁，既具有波导的特性又可以实现低损耗、低剖面的平面传输。2012 年，东南大学洪伟等人基于 SIW 设计了一款 W 波段单脉冲阵列天线[53]，如图 1-4（a）所示，经测试，该阵列在 93 GHz~96 GHz 频率范围内最大增益为 25.8 dBi，该天线具有成本低、重量轻和加工容易的特点。2017 年，电子科技大学 Cheng 等人基于 SIW 设计了一款平行板长槽阵列天线[54]，如图 1-4（b）所示，该阵列由两层基板组成，第一层基板用于设计一分十六路的不等分功分器，通过幅度加权获得低副瓣，在此基板上还设计了 90°耦合器，用于左旋和右旋圆极化模式的切换；第二层用来设计 15×15 的长槽阵列天线。测试结果表明，该阵列天线增益大于 25.5 dBi，副瓣电平低于−18.5 dB。2019 年，华中科技大学 Wang 等人基于 LTCC 设计了一款 W 波段高增益基片集成腔体阵列天线[55]，如图 1-4（c）所示，经测试，该 4×4 阵列工作带宽为 81.4 GHz~97.0 GHz，增益高达 20.3 dBi。W 波段 SIW 天线拥有较宽的带宽、低损耗以及高辐射性能，但 SIW 传输面积较大，不如带状线、微带线、共面波导等平面传输结构灵活，因此这种结构很难应用到有源相控阵天线中。

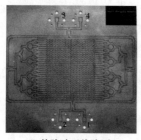 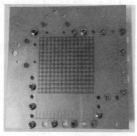 

(a) 单脉冲天线阵列[53]　　(b) 平行板长槽天线阵列　　(c) 高增益基片集成腔体天线阵列

**图 1-4　W 波段 SIW 天线**

　　微带天线具有剖面低、重量轻、天线性能多样化、易与有源电路集成等优点,在微波毫米波电路中有着广泛应用。但随着工作频率提升到 W 波段,受到高损耗和表面波的影响[7],其增益和效率较低,因此对高性能的 W 波段微带天线的研究一直也是研究中的难点和热点。2013 年,北京理工大学的赵国强等人在厚度为 0.127 mm 的 RT/Duriod 5880 基板上设计了一款 W 波段 8×8 圆极化微带阵列天线[56],如图 1-5(a)所示,测试表明,该阵列在 94 GHz 处的增益可达 20.6 dBi。2017 年,东南大学毫米波国家重点实验室的张慧等人设计了一款 77 GHz 的毫米波微带阵列天线,如图 1-5(b)所示。他们提出通过两款不同增益阵列的联合工作,达到单部车载毫米波雷达对中长距范围探测的有效覆盖,满足毫米波汽车雷达设计的应用需求[57]。2021 年,东南大学毫米波国家重点实验室的 Chen 等人设计和加工了一款宽频带、高增益的 W 波段阵列天线[58],如图 1-6 所示。该阵列的辐射阵列为基于 PCB 工艺的微带贴片,馈电网络为金属波导网络,这种采用混合结构形式的天线可以兼顾性能和剖面高度,测试结果表明,该阵列尺寸为(42×42) mm²,工作频段范围为90.5 GHz~98.2 GHz,增益值大于 30 dBi。

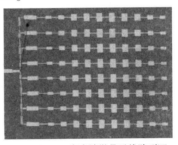

(a) 94 GHz圆极化微带天线阵列[56]　　(b) 77 GHz毫米波微带天线阵列[57]

**图 1-5　W 波段微带天线阵列**

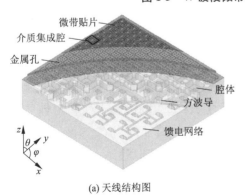

微带贴片
介质集成腔
金属孔
腔体
方波导
馈电网络

(a) 天线结构图　　　　　　　　(b) 实物图

**图 1-6　混合结构形式的 W 波段阵列天线**

综上所述,在 W 波段,口径类天线以及波导缝隙天线虽然加工制作简单且性能较优,但其立体笨重的结构和较大的尺寸越来越不符合毫米波高度集成化的发展趋势,而平面类阵列天线如 SIW 天线、微带天线等具有低剖面和易集成的特点,但在 W 波段因受到表面波和高介质损耗的影响,其性能也受到一定的制约。基于此,很多学者开始研究采用金属波导、SIW 以及微带天线的混合结构来设计天线,发挥各自的优势,以获得最佳的性能[59-62]。综合来看,口径类天线的低剖面设计研究、平面类阵列天线的高性能研究以及采用这两类混合结构形式的天线研究,是 W 波段天线的重要研究方向。

### 1.2.2.2 毫米波封装天线的研究现状

随着通信和雷达的工作频率不断提高,特别是在 W 波段,传统的天线与射频芯片的互连方式如金丝键合等,其较大损耗已严重影响到系统的性能。因此,如何实现天线和射频芯片的低损耗和高集成互连,成为研究者和毫米波厂商关注的研究热点。封装天线(AiP)即利用封装技术将天线和射频裸芯片集成到标准的封装中,由于天线以及天线与芯片的垂直互连传输结构是根据封装材料和工艺单独进行优化和设计的,因此 AiP 具有更好的性能,而封装技术也成为毫米波天线阵列的关键技术。

2006 年,新加坡南洋理工大学张跃平教授团队设计了一款基于 LTCC 的 60 GHz 的 Yagi 封装天线。此 Yagi 封装天线集成了共面波导馈线、准腔体、定向保护环等[63]。经测试,该天线可以工作于 58.3 GHz ~ 59.5 GHz 以及 62.5 GHz~65 GHz 的频带范围内,在 64 GHz 时可以达到 6 dBi 的增益。此项工作虽然只验证了基于封装材料的馈线、天线等无源结构性能,而没有集成有源射频通道,但为后续 AiP 相关的研究奠定了基础。

2010 年,美国 IBM 公司提出了一种基于 LTCC 的 60 GHz 有源相控阵系统的 AiP 方案[64]。该封装方案内部集成了 16 通道射频收发芯片和 16 个微带天线,射频收发芯片设计在 LTCC 基板背部并通过倒装焊技术与其连接,再通过垂直互连结构与天线实现互连。为了实现辐射天线的高性能,在基板中嵌入空气腔体来降低天线的等效介电常数,以达到改善天线辐射性能的目的。其 AiP 方案图和实物照片如图 1-7 所示。AiP 尺寸为 $(28×28×1.47)$ mm³,经测试,在 60 GHz 处,天线单元的增益均可达到 5 dBi。

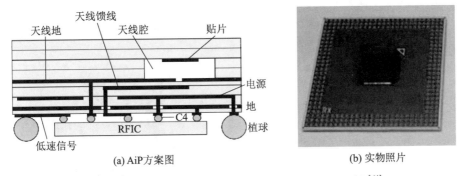

(a) AiP方案图　　　　　　　　　　(b) 实物照片

**图 1-7　美国 IBM 公司基于 LTCC 的 60 GHz AiP 方案[64]**

　　2011 年,韩国 Samsung 公司也报道了基于 LTCC 的 60 GHz 相控阵系统的完整 AiP 方案[67]。该 AiP 实物照片如图 1-8(a)所示,其封装方案内部集成了射频收发芯片和 24 个微带天线,射频收发芯片设计在 LTCC 基板背部并通过倒装焊技术与其连接,再通过垂直互连结构与天线实现互连。为了实现辐射天线的高性能,研究者设计了层叠贴片来扩展天线阻抗带宽和增强辐射性能。经测试,该 AiP 具有尺寸小和带宽宽的特点,在 60 GHz 频点处,天线增益约 14.5 dBi。2012 年, Samsung 公司还发布了一种更低成本的基于玻璃纤维环氧树脂(FR4)基板的 60 GHz 相控阵系统的完整 AiP 方案[68]。

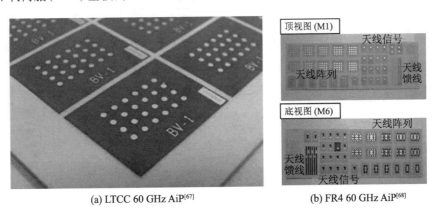

(a) LTCC 60 GHz AiP[67]　　　　　　(b) FR4 60 GHz AiP[68]

**图 1-8　韩国 Samsung 公司提出的 60 GHz AiP 实物照片**

　　2012 年,美国英特尔(Intel)公司报道了基于 LTCC 的 60 GHz 有源相控阵系统的 AiP 方案[70]。该封装方案内部集成了射频收发芯片和 36 个微带天线,射频收发芯片设计在 LTCC 基板背部并通过倒装焊技术与其连接,再通过垂直互连结构与天线实现互连。其中,射频收发芯片内部集成了 2 位的移相器、混频模块和频率源模块。这种 AiP 的实物照片如图 1-9 所示,其尺寸为 $(25×25×1.4)$ mm³,经测试,在 60 GHz 频点处,它可以完成±30°的波束扫描且增益约为 19 dBi。

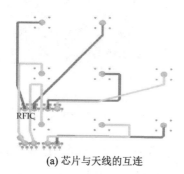

(a) 芯片与天线的互连

(b) 实物照片

**图 1-9　美国 Intel 公司报道的 60 GHz AiP 方案[70]**

2013 年,德国卡尔斯鲁厄理工学院的 Beer 等人提出了一种基于多层有机材料作为天线基板的 AiP 方案[72]。其 AiP 方案图和实物照片如图 1-10 所示,整个系统包含三个部分:一个封装基座、一块 MMIC 电路以及一个 122 GHz 的格栅阵列天线。经测试,天线增益约为 15 dBi。

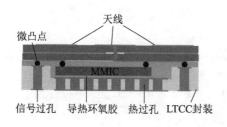

(a) AiP方案图

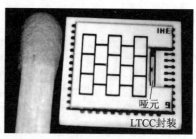

(b) 实物照片

**图 1-10　Thomas 等人提出的 122 GHz AiP 方案[72]**

2014 年,美国 IBM 公司全球首次发布了一款基于 HDI 的 94 GHz 全集成的完整 AiP 解决方案[73]。其 AiP 方案图和实物照片如图 1-11 所示,四片 16 通道的 SiGe 芯片、64 个双极化层叠贴片天线以及 36 个哑元共同集成在具有 12 层金属层和尺寸为 $(16.2×16.2×0.75)$ mm³ 的封装系统内,天线单元的间距为半波长 1.6 mm(对应工作频率 94 GHz),支持阵列在封装和板级的可扩展性。

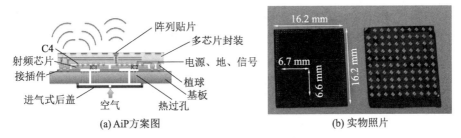

(a) AiP 方案图　　　　　　　　　(b) 实物照片

**图 1-11　美国 IBM 公司基于 HDI 的 94 GHz AiP 方案**[73]

2015 年,台湾大学的 Peng 等人设计了一种基于波束扫描技术的三维成像雷达系统[74],其中 94 GHz 4 通道收发芯片采用 65 nm 互补金属氧化物半导体(complementary metal-oxide-semiconductor,CMOS)工艺设计和制造。该封装系统基于 LTCC 实现收发芯片与贴片天线高度集成,AiP 方案图和实物照片如图 1-12 所示。经测试,该 AiP 系统可以实现±28°波束指向扫描、2 m 的最大工作距离以及 1 mm 的距离分辨率。

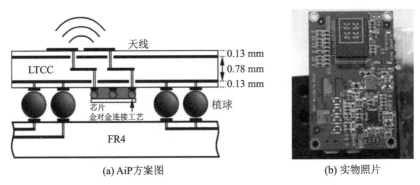

(a) AiP 方案图　　　　　　　　　(b) 实物照片

**图 1-12　94 GHz 三维成像雷达集成系统**[74]

2017 年,加州大学伯克利分校无线研究中心和诺基亚公司的 Townley 等人基于 0.13 μm SiGe BiCMOS 工艺设计了一款 94 GHz 相控阵调频连续波雷达(FMCW)芯片[75],该芯片集成了 4 通道发射和接收链路。他们还基于 HDI 设计了一款集成此芯片和天线的封装集成系统,如图 1-13 所示,发射和接收天线均为 1×4 的贴片天线线阵,天线单元间距为 0.8 倍波长(对应工作频率 94 GHz)。经测试,此系统可以实现±20°的波束扫描,在 3.68 GHz 的带宽扫描范围内,距离分辨率可达到 5 cm 以下,与理论预期相符。

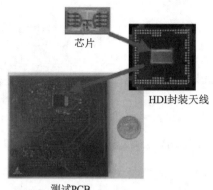

图 1-13　94 GHz FMCW 集成系统[75]

2018 年,诺基亚公司和 LG 公司合作研制了一款基于 HDI 的 90 GHz 的 AiP 系统[76],如图 1-14 所示,它集成了 25 个叠层微带天线,其中 16 个用于发射、8 个用于接收、1 个为哑元,发射与接收都可以实现±45°波束扫描。该 AiP 支持封装和板级的扩展,使用 16 个 AiP 扩展为 256 阵元发射阵及 128 个接收阵,经测试,该系统最大等效全向辐射功率为 59.5 dBm。

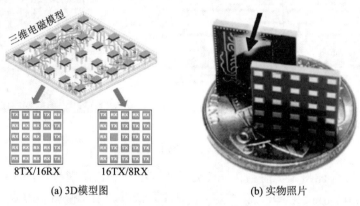

(a) 3D模型图　　　　　(b) 实物照片

图 1-14　诺基亚公司和 LG 公司合作研制的 90 GHz AiP 方案[76]

2022 年,荷兰代尔夫特理工大学的 Yi 等人提出一款 122 GHz 的 AiP 系统[77]。该方案中,天线放置在封装结构顶部,天线与芯片的互连通过聚合物通孔技术(through polymer via, TPV)实现,AiP 实物照片如图 1-15 所示。经测试,与商用方形扁平无引脚(quad flat no-leads, QFN)封装系统相比,此封装系统的回波信号与恒虚警率阈值之间的检测余量高出近 10 dB。

**图 1-15 Yi 等人提出的 122 GHz AiP 实物照片[77]**

2022 年,东南大学毫米波国家重点实验室洪伟团队提出了一种可用于高数据速率无线通信的 W 波段相控阵收发芯片[78],如图 1-16 所示。收发芯片尺寸为 2 mm×2 mm,各自集成了 2×2 的射频通道,且射频通道之间的距离小于 1.8 mm(0.56λ@90 GHz)。为了实现波束扫描测试,他们基于 PCB 工艺设计了一款集成天线收发系统,如图 1-16 所示。芯片通过黏合胶固定在 PCB 背面,天线设计在 PCB 正面,芯片射频输出通过传统的金丝键合的方式与 PCB 上的射频传输线进行连接,再通过垂直互连结构与 PCB 天线实现互连。

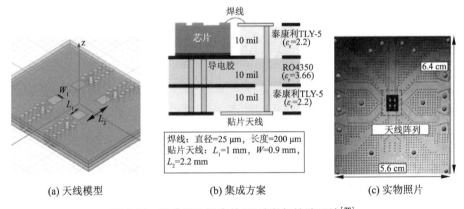

(a) 天线模型          (b) 集成方案          (c) 实物照片

**图 1-16 洪伟团队提出的 W 波段相控阵系统[78]**

综合来看,国外的芯片半导体厂商如 IBM、Intel、Samsung 等公司,均于 2015 年之前报道了毫米波有源相控阵 AiP 的完整封装方案,并在毫米波封装领域有一定的技术积累和产品迭代,它们进一步的研究目标主要是实现低成本、提高加工可靠性和优化性能等。

与国外相比,在 2015 年之前,国内有关毫米波封装集成系统尤其是高频段系统的报道比较少,再加上国外对中国实现毫米波高频段测试设备的禁运,以及对国内芯片厂商的技术封锁,使得国内在毫米波封装领域的研究难度大大增加。近些年,随着中国集成电路产业进程的加快,越来越多的中国企业加入毫米波雷达领域的布局。2017 年,国内厂商加特兰率先发布了全球首个 77 GHz 毫米波雷达量产芯片,芯片采用 40 nm 的 CMOS 工艺,具有成本低、功耗低和性能优的特点。近几年,其他国内厂商如华域汽车、森思泰克等公司也纷纷实现 77 GHz 毫米波雷达的量产。但国内对 W 波段(94 GHz)AiP的研究主要还停留在理论分析和仿真阶段,只有少部分高校和研究机构对 W 波段模块电路和天线进行了加工、测试,但也仅限于单模块电路和天线[79-82]。目前,国内仅有少数几家研究所开始致力于 W 波段收发系统芯片的研制,他们对集成天线的相控阵系统封装的研究也处于起步阶段。国内对 W 波段相控阵系统及其封装的研究成果远远不及国外,目前有关 W 波段(94 GHz)完整的有源相控阵封装集成系统的报道也比较少。

综上,开展 W 波段封装天线的研究对国内 W 波段有源相控阵封装集成技术的发展和推广具有十分重要的意义。

## 1.3　研究内容及章节安排

本研究的主要内容是 W 波段稀布阵天线及封装天线的研究和设计,主要包含基于改进型遗传算法的稀布阵优化技术、W 波段封装工艺的垂直互连技术、基于硅基三维集成工艺的 W 波段封装天线研究和基于 HDI 的 W 波段封装天线研究。本研究的框架结构图如图 1-17 所示。

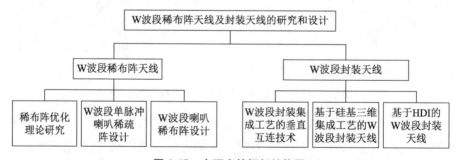

**图 1-17　本研究的框架结构图**

本书主要分为 6 章,各章的主要内容如下:

第 1 章　绪论

本章简介了 W 波段电磁波特性以及应用背景;概述了毫米波稀布阵优化技术和毫米波天线及封装天线的研究现状;给出了本课题的研究意义和本研

究的主要内容和章节安排。

第 2 章　毫米波稀布阵优化技术研究

本章研究了毫米波稀布阵优化算法并提出了一种基于改进型遗传算法的稀布阵优化算法；基于此算法分别设计了两款 W 波段稀布喇叭阵列天线，该阵列天线采用稀布阵来抑制副瓣电平。在阵列实现中，设计了非规则的波导互连结构实现稀疏分布的天线阵元与规则分布的功分网络的低损耗互连；设计了低损耗的和差网络实现和差波束。通过实验测试，验证了稀布阵性能的优异，此工作也为稀布阵在 W 波段有源相控阵天线中的应用做了验证和提供参考。

第 3 章　应用于 W 波段封装集成天线的垂直互连技术研究

本章介绍了封装集成工艺中有关信号垂直互连结构的传输理论和原理，包括几种常用的毫米波传输线理论和类同轴理论。研究了封装工艺的垂直互连结构的设计方法，并基于传统的 PCB 多层板工艺和硅基三维集成工艺分别设计了不同的 W 信号垂直互连传输结构，用于满足封装集成天线系统中天线与有源射频电路的低损耗和小尺寸的互连需求。通过仿真和测试，验证了所设计的 W 信号垂直互连传输结构的良好性能，为后续的两款封装天线的设计奠定基础。

第 4 章　基于硅基三维集成工艺的 W 波段 AiP 研究

本章基于硅基三维集成工艺提出了一种新型的 W 波段封装天线方案。该方案在硅基板上设计了屏蔽腔放置 W 波段芯片以减少芯片间的干扰。天线基板采用低介电常数和低损耗的石英作为介质，通过 BGA 焊球与硅基板实现连接，提高了辐射效率和工作带宽。基于此封装方案本章首先设计和加工了一款 W 波段无源 2×4 封装天线，通过测试，验证了此阵列天线的良好性能和此封装集成方案的可行性；其次对有源相控阵封装天线展开了研究，包括有源相控阵系统中相位误差对波束指向影响的分析、有源射频前端集成系统的研究以及有源相控阵近远场测试方法的研究等。基于硅基三维集成工艺本章设计了一款小尺寸、高集成度的 W 波段有源相控阵 8×8 封装集成天线，通过测试验证了此封装天线集成系统的良好性能。

第 5 章　基于 HDI 的 W 波段 AiP 研究

本章介绍了 HDI 的特点，并基于此封装工艺提出了一种新型 W 波段封装天线方案。方案中，W 波段芯片采用倒装焊方式焊接在多层有机板底部；天线设计在有机板顶部并通过加载寄生贴片实现了高性能的辐射天线；设计了低损耗的垂直互连结构,实现芯片与天线之间的互连。本章通过稀布阵优化算法对天线单元位置进行优化,即实现天线阵列和 T/R 芯片的布局匹配以获得更好的阵列扩展性,又实现了相控阵天线阵列的大角度波束扫描;通过实物测试,验证了此方案优异的波束扫描性能,为 W 波段高集成系统提供了有价值的解决方案。

第 6 章　总结与展望

本章对全书的工作进行总结,指出研究工作中存在的一些问题和不足之处,针对这些问题提出相关的改进方案,并对后期工作提出展望。

# 第 2 章　毫米波稀布阵优化技术研究

## 2.1 引言

　　20 世纪下半叶,在雷达和通信技术快速发展的推动下,天线技术也迎来了快速发展时期,大规模、高性能、低成本和集成化是其主要发展趋势。在大规模有源阵列中,减少天线阵元数量以实现较少的有源射频通道数是降低成本的有效途径,其方式主要有两种。一种是扩大阵列天线中阵元的间距,这样在相同尺寸的口径上使用较少的天线单元便能获得相同的辐射波束。然而阵元的间距扩大后,阵列的副瓣电平较高、易出现栅瓣以及波束扫描角度受限等问题成为技术发展中的困扰。另一种是采用稀布阵,稀布阵基于智能算法对阵列天线的阵元位置进行优化,以较少的阵元数量实现较窄的波束,同时还可以降低副瓣电平和抑制栅瓣。此外,稀布阵还可以降低成本、减小阵元间的互耦和降低系统复杂度,特别是在 W 波段以及更高频段,能大大缓解大规模集成系统的热设计和结构设计的压力。因此,稀布阵优化技术备受研究者的青睐,也成为毫米波阵列天线技术的一个研究热点[83]。

　　广义上,稀布阵是指阵列的阵元采用不等间隔的排列方式构成的天线阵列,具体又可分为稀疏阵列和稀布阵列。稀疏阵列是从均匀间隔满阵中去掉部分阵元,这样就形成了阵元间距约束为某个基本量的整数倍的非均匀阵列;而稀布阵列的阵元间隔可以是完全随机的,但在实际应用中由于阵元尺寸的影响,一般会有最小单元间距的约束条件。从理论上讲,稀布阵列的求解域更大,运算自由度更高,优化效果也会更好,相应的算法流程也更复杂。本章将分别介绍稀疏阵和稀布阵的优化算法。

　　关于稀布阵优化算法的文献非常多,如遗传算法、粒子群算法、差分进化算法等方面的文献。但大多数的文献都是纯理论的优化计算,如天线阵元的类型、阵列和馈电结构等约束条件均没有被考虑。针对以上问题,本章首先介绍了阵列天线的基本理论,然后在经典的遗传算法的基础上,对遗传算法流程进行改进,提高算法性能,使之更适用于大规模阵列的工程应用场景。最后运用此优化算法设计了一款 W 波段单脉冲稀布喇叭阵列天线和一款 W 波段有源相控阵天线,经过仿真和测试,验证了所提出的算法和设计的天线的良好性能。

## 2.2　阵列天线的基本理论

从本质上讲,天线的基本功能是完成电信号和电磁信号的能量转换。理论上,由单个天线单元构成的天线就可以完成电磁波信号的发射和接收。但在实际应用中,不同的无线系统往往要求天线具备不同的性能,如相控阵雷达系统要求天线具有较强的方向性和大角度的波束扫描能力,毫米波通信系统要求天线具有一定的波束形状等,要实现这些功能,天线就需要将多个阵元按一定方式排列成阵列。阵列天线中各个阵元的位置以及馈电电流的幅度和相位均可以单独调整,这使得阵列天线具有各种不同的功能,这些功能是单个阵元结构的天线无法实现的。

阵列天线是根据电磁波在空间叠加的原理,把具有相同结构、相同尺寸的某种天线按一定规律排列在一起构成的。根据阵元排列的规则,阵列天线又可以分为直线阵、平面阵、共形阵等。本书所研究的稀布阵优化算法主要是针对平面阵列进行的优化。求解阵列天线总方向图时,用解析的方法直接计算较为烦琐,可将阵列天线分解为相同的子阵,再根据方向图乘积定理可以简单地求解出阵列的总方向图。本节简要介绍阵列天线的方向图乘积定理以及基于此定理的直线阵和平面阵的方向图求解方法。阵列方向图的求解也是稀布阵优化技术的基础。

### 2.2.1　方向图乘积定理

作为阵列天线基础理论中最重要的定理之一,方向图乘积定理指的是阵列天线的总辐射方向图表达式可以用阵元因子(阵元方向图)和阵因子的乘积来表示。假设一个阵列天线由 $M$ 个阵元组成,用 $f_n(\phi,\theta)$ 表示第 $n$ 个阵元的单元方向图,于是阵列的总方向图函数表达式如下:

$$F(\phi,\theta) = \sum_{n=1}^{M} f_n(\phi,\theta) \cdot S \tag{2-1}$$

如果阵列中天线单元的结构和参数完全相同,即每个阵元的方向图 $f_n(\phi,\theta)$

完全相同，上式可简化为

$$F(\phi,\theta)=f(\phi,\theta)\cdot S \tag{2-2}$$

值得注意的是，式（2-2）中阵元因子 $f(\phi,\theta)$ 为天线阵元的辐射方向图，它的表达式只与天线阵元自身的结构和参数有关，而与阵元的位置、激励阵元的相位和幅度无关；$S$ 称为阵因子，它的表达式只与阵元位置、激励阵元的相位和幅度相关，而与阵元自身的结构和参数无关。式（2-2）为阵列天线方向图乘积定理的表达式，即阵列方向图等于单元方向图与阵因子的乘积。2.2.2 节、2.2.3 节将分别基于直线阵和平面阵，推导阵列天线的方向图乘积定理和总辐射方向图。

### 2.2.2　均匀直线阵方向图函数

设一个一维均匀直线阵的阵元数为 $N$，阵列模型如图 2-1 所示，天线阵元沿 $y$ 轴方向按等间距方式分布。

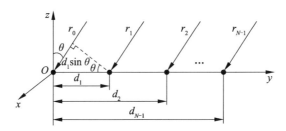

**图 2-1　一维均匀直线阵列模型**

用 $d_n$ 表示第 $n$ 个天线阵元的位置，用 $I_n$ 和 $\beta_n$ 表示第 $n$ 个阵元激励的幅度和相位，根据电磁场的叠加原理可以计算出该阵列天线在远场无限远处 $P(r,\theta,\phi)$ 点的辐射场，如下式：

$$E=\sum_{n=0}^{N-1}E_n=\mathrm{j}\frac{60}{r}\mathrm{e}^{-\mathrm{j}kr}\sum_{n=0}^{N-1}f_n(\theta)I_n\mathrm{e}^{\mathrm{j}(kd_n\sin\theta+\beta_n)} \tag{2-3}$$

式中，$k=2\pi/\lambda$，表示自由空间波数；$f_n(\theta)$ 表示第 $n$ 个阵元的场强方向图函数；$d_n$ 为阵元位置。假设组成线阵的阵元是完全相同的，即 $f_n(\theta)$ 满足以下关系：

$$f_1(\theta)=f_2(\theta)=\cdots=f_n(\theta)=F_{\mathrm{e}}(\theta) \tag{2-4}$$

于是式（2-3）可以简化为

$$E=\mathrm{j}\frac{60}{r}\mathrm{e}^{-\mathrm{j}kr}F_{\mathrm{e}}(\theta)\sum_{n=0}^{N-1}I_n\mathrm{e}^{\mathrm{j}(kd_n\sin\theta+\beta_n)} \tag{2-5}$$

于是该直线阵列的场强方向图 $F(\theta)$ 可以表示为

$$F(\theta) = F_e(\theta) \cdot \sum_{n=0}^{N-1} I_n e^{j(kd_n \sin\theta + \beta_n)} = F_e(\theta) \cdot F_a(\theta) \tag{2-6}$$

式中，$F_e(\theta)$ 为阵元因子，表示各天线阵元的辐射特性，其只受阵列中阵元本身结构和参数等因素的影响。$F_a(\theta)$ 为阵因子，其只受阵列中阵元的位置、激励阵元的幅度和相位的影响，表达式为

$$F_a(\theta) = \sum_{n=0}^{N-1} I_n e^{j(kd_n \sin\theta + \beta_n)} \tag{2-7}$$

从上式可以看出，通过改变阵元位置 $d_n$、阵元的激励幅度 $I_n$ 和相位 $\beta_n$ 就可以改变阵列的方向图 $F(\theta)$，这也是稀布阵优化技术的理论基础。

### 2.2.3　平面阵方向图函数

设一个二维天线阵列位于 $xOy$ 平面上，阵元分布示意图如图 2-2 所示，该阵列共有 $M \times N$ 个天线单元，沿 $x$、$y$ 方向的阵元间距分别为 $d_x$ 和 $d_y$，数量分别为 $N$ 和 $M$。

图 2-3 所示是对应的远处目标坐标系示意图，目标所在方向用余弦可以表示为 $(\cos\alpha_x, \cos\alpha_y, \cos\alpha_z)$，其中 $\alpha_x$、$\alpha_y$、$\alpha_z$ 分别为连接坐标原点和目标的直线与 $x$、$y$、$z$ 轴的夹角。各天线阵元发射/接收的电磁波传输至目标之间的信号相位差是由两者之间的路程差决定的。以位于坐标原点的阵元$(0,0)$ 为参考，则第 $(n,m)$ 个阵元与参考阵元沿 $x$ 轴和 $y$ 轴的空间相位差可分别表示为

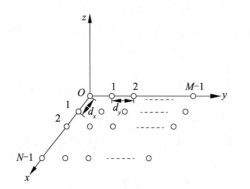 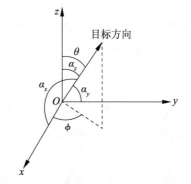

图 2-2　阵元分布示意图　　　　图 2-3　对应的远处目标坐标系示意图

$$\Delta\phi_x = \frac{2\pi}{\lambda} d_n \cos\alpha_x \tag{2-8}$$

$$\Delta\phi_y = \frac{2\pi}{\lambda}d_m\cos\alpha_y \tag{2-9}$$

式中,$d_n$表示第$(n,m)$个阵元与参考阵元$x$方向的距离;$d_m$表示第$(n,m)$个阵元与参考阵元$y$方向的距离。由几何知识可以得到:

$$\cos\alpha_x = \sin\theta\cos\phi \tag{2-10}$$

$$\cos\alpha_y = \sin\theta\sin\phi \tag{2-11}$$

$$\cos\alpha_z = \cos\theta \tag{2-12}$$

则第$(n,m)$个阵元与第$(0,0)$个参考阵元的相位差可用下式表示:

$$\Delta\phi_{mn} = \frac{2\pi}{\lambda}(d_n\sin\theta\cos\phi + d_m\sin\theta\sin\phi) \tag{2-13}$$

设阵列主波束指向为$(\phi_0,\theta_0)$,第$(n,m)$个阵元的激励幅度和相位分别是$A_{mn}$和$\alpha_{mn}$,则$\alpha_{mn}$和$(\phi_0,\theta_0)$应该满足如下关系式:

$$\alpha_{mn} = \frac{2\pi}{\lambda}(d_n\sin\theta_0\cos\phi_0 + d_m\sin\theta_0\sin\phi_0) \tag{2-14}$$

根据电磁场的叠加原理,平面阵列的方向图可表示为

$$\begin{aligned}
F(\theta,\phi) &= \sum_{n=0}^{N-1}\sum_{m=0}^{M-1}f_{mn}(\phi,\theta)\alpha_{mn}e^{j(\Delta\phi_{mn}-\alpha_{mn})} \\
&= \sum_{n=0}^{N-1}\sum_{m=0}^{M-1}f_{mn}(\phi,\theta)A_{mn}e^{j\frac{2\pi}{\lambda}[d_n(\sin\theta\cos\phi-\sin\theta_0\cos\phi_0)+d_m(\sin\theta\sin\phi-\sin\theta_0\sin\phi_0)]}
\end{aligned}$$
$$\tag{2-15}$$

其中$f_{mn}(\phi,\theta)$为阵元因子,假设组成平面阵的阵元结构和参数完全相同,阵元因子用$F_e(\phi,\theta)$表示,上式可以简化为

$$\begin{aligned}
F(\theta,\phi) &= F_e(\phi,\theta)\cdot\sum_{n=0}^{N-1}\sum_{m=0}^{M-1}A_{mn}e^{j\frac{2\pi}{\lambda}[d_n(\sin\theta\cos\phi-\sin\theta_0\cos\phi_0)+d_m(\sin\theta\sin\phi-\sin\theta_0\sin\phi_0)]} \\
&= F_e(\phi,\theta)\cdot F_a(\phi,\theta)
\end{aligned} \tag{2-16}$$

其中$F_a(\phi,\theta)$为二维平面阵列天线的阵因子表达式,从表达式可以看出,阵因子只与阵列中阵元的位置、激励阵元的幅度及相位相关,而与阵元自身参数无关。

## 2.3　基于改进型遗传算法的稀布阵优化算法

### 2.3.1　遗传算法的基本概念

生物体为了更加适应自然界的生存条件,在遗传、选择和变异等作用下

优胜劣汰,不断从低级形态进化和发展到高级形态。进化算法便是依据"适者生存"这一进化的本质进行建模而形成的一种优化算法。除经典的遗传算法之外,进化算法还包括进化规划、进化策略等一系列搜索算法。进化算法因其具有适应性强、可多目标同时优化以及搜索能力强等特点,应用范围十分广泛,如函数优化、信号处理、模式识别及机器学习领域等。

遗传算法是一种模仿自然界生物进化机制而发展起来的具有普遍影响的模拟进化算法,最早可以追溯到 20 世纪 60 年代对自然和人工自适应系统的研究。20 世纪 70 年代,De Jong 等人运用遗传算法的思想解决了大量的数值函数优化问题[84];20 世纪 80 年代,Goldberg 等人在函数优化、机器学习等一系列研究中对遗传算法进行系统的归纳和总结[85]。20 世纪 90 年代以来,遗传算法的发展极为迅速,因具有高效、实用、鲁棒性强等特点,遗传算法在机器学习、模式识别、神经网络和社会科学等领域应用十分广泛。21 世纪,以不确定性、非线性、实践不可逆性为特点的复杂性科学成为研究热点[86-88],而遗传算法因能有效地求解不确定性多项式(non-deterministic polynomial,NP)问题以及非线性、多峰函数优化和多目标优化问题,得到了众多学者的高度重视与青睐,这也极大地促进了遗传算法理论研究和实际应用的不断深入和发展。

遗传算法基于群体搜索策略将种群表示为一组解集,种群是由若干个体组成,每个个体对应一种可行解。遗传算法通过对当代种群进行选择、交叉以及变异操作来产生下一代的种群,经过一定代数的迭代进化后,使种群进化到包含近似最优解的状态。因为遗传算法是模拟生物学中进化理论而发展起来的优化方法,故在遗传算法中需要使用一些生物学中有关遗传学的专业术语,为了更好地解释遗传算法的运算流程,下面对这些常用术语进行简单的介绍。

(1)种群和个体:种群作为生物进化的基本单位,是指自然界中同种生物的个体的合集。种群的显著特征是种群中所有个体的基因都来自同一个基因库,即种群中的个体是可以彼此交配的。对应到算法中,种群代表一组解集,个体对应解集中的各个可行解。

(2)染色体和基因:染色体是生物体基因(包含所有遗传信息)的载体,对应到算法中,染色体是可行解的编码形式。基因是代表生物体某种性状(即遗传信息)的基本单位,表示可行解编码的分量。染色体由多个基因组成,基因的数量即可行解的编码分量,是根据待优化问题的复杂度(优化变量)决定的。

（3）遗传编码：遗传编码将优化变量进行编码并转化为基因组合的形式，根据不同情况，优化变量的编码机制有二进制编码、十进制编码（实数编码）等。

（4）适应度：在遗传学中，适应度是指个体将其基因传递至后代基因库的相对能力，是衡量生物群体中的个体生存能力的尺度。对应到遗传算法中，是指用来评价个体优劣的数学函数，称为个体的适应度函数。遗传算法对种群中的每一个个体进行适应度的计算，适应度高的个体将较大概率存活至下一代，而适应度低的个体将大概率被淘汰。遗传算法在迭代优化过程中，只以适应度函数为选择依据，基本上不调用其他外部信息。遗传算法的适应度函数也没有如连续性、可微分等要求，只要求在定义域（定义域可以为任意集合）范围内，能计算出可比较的结果即可。适应度函数在具体应用中的设计要根据优化问题本身的要求而定。适应度函数是评估个体优劣的唯一标准，也是选择操作的依据，因此，适应度函数的设计是遗传算法中的关键步骤之一，其直接影响着遗传算法的性能。常见的适应度函数构造方法主要有目标函数映射成适应度函数、基于序的适应度函数等。

（5）遗传操作：遗传在生物学中是指亲代表达相应性状的基因通过繁殖传递给后代，从而使得后代获得上一代遗传信息的现象。在生物进化过程中，一个种群中生物的进化是通过遗传来实现的。生物的遗传过程包括优秀个体的"选择"、个体间交换基因产生新个体的"交叉"以及个体基因信息突变而产生新个体的"变异"。对应到算法中，最优解的搜索过程用包含选择算子、交叉算子和变异算子的遗传算子来模仿种群的进化过程。

### 2.3.2　遗传算法的优化流程

经典的遗传算法基于群体搜索策略，对当代群体施加遗传算子（选择算子、交叉算子、变异算子）来进行遗传操作，而产生适应能力更强的新一代群体，通过一定代数的迭代优化后，种群逐步进化到包含或接近最优个体（最优解）的状态。

在遗传算法中，定义 $n$ 维向量 $X=[x_1,x_2,\cdots,x_n]^{\mathrm{T}}$ 为一个染色体，向量 $X$ 的元素 $x_i$ 可以看作一个遗传基因，向量的维度对应基因的个数。通常情形下，染色体携带的基因个数是确定的，但对于一些问题来说也可以是变化的。最简单的基因可以由 0 或 1 的符号组成，相应的染色体就表示为一个包括所有基因的二进制符号长串。

在算法中,一个染色体对应一个个体,也对应搜索算法的一个可行解。个体的适应度用目标函数值来评价,值越接近目标函数的最优解,其适应度越大。生物的进化过程主要是通过对优秀染色体的选择、染色体之间的交叉和染色体基因的变异这三个过程来完成的。与此相对应,遗传算法中的优化过程也模仿了生物的进化过程,当进行一定次数的迭代,从第 $g$ 代群体 $p(g)$,经过一代的遗传算子后,得到 $g+1$ 代群体 $p(g+1)$。种群不断地经过遗传算子操作,且每次都将适应度较高的个体遗传到下一代,这样最终在群体中将会得到一个最优的个体,即达到或接近于最优解。

遗传算法的运算流程如图 2-4 所示。

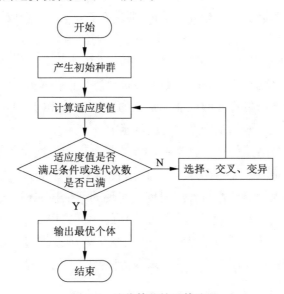

图 2-4　遗传算法的运算流程

遗传算法的具体运算步骤如下:

(1)初始化。在算法流程开始之前,根据优化对象的规模大小设置需要进化的最大代数 $G$,即算法总共需要迭代的最大次数。设置当前进化代数 $g=0$(初始值为 0),并随机生成符合约束条件的包含 $N$ 个个体的初始种群 $p(0)$。其中 $p(0)$ 也要根据具体待优化问题而定。

(2)个体适应度计算。根据具体待优化问题,设计合适的适应度函数,然后对群体 $p(g)$ 中所有的个体进行适应度的计算。

(3)选择算子。在当前种群中运行选择算子,即根据个体适应度值的大小制订一定的规则,使得适应度值高的个体有较大概率保留下来,而适应度值较低的个体有较大概率被淘汰。常见的选择算子方法有轮盘赌法、锦标赛选择法、随机竞争法等。

(4) 交叉算子。在种群中运行交叉算子,在已运行选择算子的种群中,让个体两两之间以某一概率进行基因的交换,以产生适应度值更高的个体。

(5) 变异算子。在种群中运行变异算子,在已运行交叉算子的种群中,以某一概率将个体的某些基因用其等位基因替换。在种群中运行变异算子的目的是保证种群个体的多样性,防止局部收敛。种群中的所有个体在运行过选择、交叉和变异之后,得到新的下一代群体,然后再重复进行步骤(2)到步骤(5)的运算迭代优化下去。

(6) 终止判断。若 $g < G$,则 $g = g + 1$,转到步骤(2);若 $g \geq G$,则终止迭代过程并输出具有最大适应度值的个体作为最优个体,即输出最优解。

### 2.3.3　改进型遗传算法在稀布阵中的应用

群体搜索技术和易实现的遗传算子是标准遗传算法的两大特征,这也使得遗传算法具有了强大的全局最优解搜索能力、多目标同时优化的并行性、操作的简明性和应用的鲁棒性等。但各种智能优化算法都有自己的优缺点,大量的实践表明,标准遗传算法存在一些缺陷,如局部搜索能力差、"早熟"、稳定性差、计算量大等。

许多学者对标准遗传算法进行了各种改进研究,也取得了一定的成果。这些基于遗传算法的改进研究主要分为两类:一类是对对遗传算法的性能有直接影响的机制和算子进行优化,如编码机制、遗传算子、特殊算子和参数设计等的优化;另一类是将遗传算法与其他智能算法如差分进化算法、免疫算法、模拟退火算法等进行融合,从而综合不同算法的优势,取长补短,提高计算效率。本章结合稀布阵阵列综合的计算特点,对传统的遗传算法在以下几个方面进行了改进,以提高算法的局部搜索能力、计算速度及收敛速度。

(1) 灾变算子的设计。"早熟"是经典遗传算法最常见的问题。"早熟"是指在优化进程中,过早进入局部极值中,从而无法完成全局搜索使进化停滞的现象。增强种群的多样性以提高算法对新空间的探索能力是解决"早熟"问题最有效的方法。

在自然界中,当生物体遇到地震、泥石流、海啸等自然灾害时,其所处的生存环境会发生剧烈的变化,从而导致一部分个体灭亡,只有适应能力极强的个体才能存活下来,从而形成生物进化史上的物种替换。为了模拟自然界中这一现象,本章在遗传算法中人为引入灾变算子,在保留当前最优个体的前提下,引入新个体以增强种群的多样性,从而使进化跳出局部极值。灾变算子的实现过程为:每进化十代,将当代种群中适应度最差的 $N_0$ 个体全部淘汰,同时随机生成 $N_0$ 个新个体加入种群中,从而提高进化过程中的种群多样性。灾变算子中 $N_0$ 是根据具体优化问题而定的,设置太大会导致大量优质个体被淘汰,降低进化效率,其值一般设为种群总体数量的 5%~10%。

(2)最优个体的保留。由于种群在进行交叉算子和变异算子时,基因的交换和变异是完全随机的,过程中难免会出现最高适应度个体经过交叉和变异后其适应度下降的现象,这便会造成优秀基因的遗失,同时也会降低进化的效率。为了避免这种情况的出现,本文采用在进化过程中对最优个体进行保护的方法,从而提高算法效率。具体实施方法为:当第 $n$ 代种群经过适应度函数计算后,选出当代种群中适应度值最高的个体并记录下来,然后用第 $n$ 代种群中最优个体替换经过交叉和变异后产生的 $n+1$ 代种群中适应度值最差的个体,这便完成了最优个体的保留。

(3)适应度计算的提速和优化。遗传算法属于迭代优化算法,具体在稀布阵阵列天线的迭代优化过程中,需要对种群中各个个体进行适应度函数的计算,这样会耗费大量的计算时间。当优化对象为大规模的阵列天线,种群数量和进化代数又比较大时,在整个迭代优化过程中,有一定的重复计算和无效计算。为了解决这一问题,本研究引入辅助记忆网络,该网络对每个个体的适应度值进行保存,在计算重复个体适应度时,可直接读取,从而对整个迭代过程进行加速。

本研究中改进型遗传算法的运算流程如图 2-5 所示,下面将分别介绍用此改进型遗传算法对稀疏阵列和稀布阵列进行具体优化的过程。

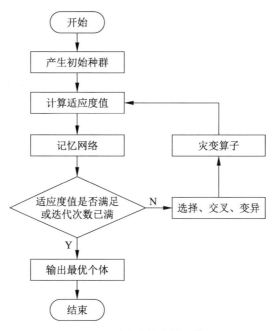

**图 2-5　改进型遗传算法的运算流程**

### 2.3.3.1　稀疏阵列优化

稀疏阵列是从均匀分布的满阵中去掉一定数量的阵元而形成的阵列。基于遗传算法对均匀平面阵列进行稀疏布阵优化,可以实现以较少的天线单元获得较窄的波束,并且可以达到抑制副瓣电平和减少天线成本的目的。对于均匀排列的平面阵元,假设各个阵元激励的幅度相同,根据稀疏阵列的定义,可以用 $g_{mn}$ 表示平面阵列中各个阵元的工作状态,$g_{mn}=0$ 表示相应位置上的阵元被稀疏掉,$g_{mn}=1$ 表示相应位置上的阵元被保留。考虑到稀疏优化,2.2.3 节中的二维平面阵列方向图公式(2-15)可以表示为:

$$F(\theta,\phi) = \sum_{n=0}^{N-1} \sum_{m=0}^{M-1} f_{mn}(\phi,\theta) \cdot e^{\frac{j2\pi}{\lambda}[d_n(\sin\theta\cos\phi-\sin\theta_0\cos\phi_0)+d_m(\sin\theta\sin\phi-\sin\theta_0\sin\phi_0)]} \cdot g_{mn}$$

$$(2\text{-}17)$$

假设式(2-17)中阵元的激励幅度是相同的。

应用稀疏阵列通常是抑制平面阵列的方位向和俯仰向的最大副瓣电平。因此,在此类优化问题中,适应度函数可以定义为阵列方位向与俯仰向方向图的最大副瓣电平之和,即

$$MSLL = \max_{\phi \in S_1}\left[ F_{dB}(\phi,\theta_0;\phi_0,\theta_0)\right] + \max_{\phi \in S_2}\left[ F_{dB}(\phi_0,\theta;\phi_0,\theta_0)\right] \qquad (2\text{-}18)$$

式中，max 表示求解目标函数的最大值，$S_1$ 表示 $\theta = \theta_0$ 时方位向方向图的副瓣区间；$S_2$ 表示 $\phi = \phi_0$ 时方位向方向图的副瓣区间；$F_{dB}$ 表示方向图函数。则二维稀疏平面阵列的低副瓣优化模型如下：

$$\min_{g}(MSLL) \qquad (2\text{-}19)$$

式中，min 表示求最小值函数，通过优化 $g$ 的取值（即被稀疏掉的阵元的位置信息），使稀疏平面阵列方位向与俯仰向方向图的最大副瓣电平之和最小。

综上，基于改进型遗传算法的二维平面稀疏阵列的低副瓣电平的优化算法流程是：首先随机产生一个满足约束条件（如稀疏率、阵列结构对称性等）的二进制初始种群，采用式（2-18）来评估种群中所有个体的适应度值，然后判定是否满足终止条件，若满足，则算法停止，输出最优个体为优化结果；若不满足，则对当代种群的个体施加选择算子、交叉算子、变异算子以及灾变算子的运算，最后确保新生成下一代种群中的所有个体的稀疏率保持不变。对进化后的子代群体，再重新进行适应度的评估，如此循环下去，直至达到终止准则为止。稀疏阵列优化的运算流程如图 2-6 所示。

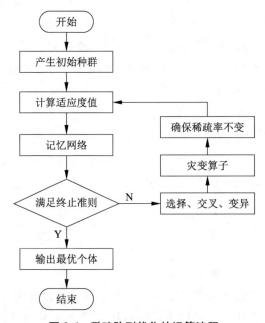

图 2-6 稀疏阵列优化的运算流程

### 2.3.3.2　稀布阵列优化

广义上,稀疏阵列的阵元间距为某个基本量的整数倍,而稀布阵列的阵元间距一般是随机的,因此在稀布阵优化时,无法用 $g_{mn}$ 取 0 或 1 来表示相应位置的阵元是否存在;且稀布阵的种群集的自由度更高,对应的求解域也更大,求解过程较复杂。

先建立一个阵元随机分布且阵元口径为 $L{\times}H$ 的平面阵列模型。设天线阵列位于 $yOz$ 平面上,阵列一共有 $N$ 个天线单元,用 $(y_n,z_n)$ 表示第 $n$ 个天线单元的坐标,参考阵元 $(0,0)$ 位于坐标原点,且 $0{\leqslant}y_n{\leqslant}L,0{\leqslant}z_n{\leqslant}H$。稀布阵列的优化问题可描述为:通过优化和求解口径 $L{\times}H$ 内的 $N$ 个阵元的位置信息 $(d_1,d_2,\cdots,d_n)$,使该平面阵的副瓣电平最低,且求解的 $(d_1,d_2,\cdots,d_n)$ 需满足如下两个约束条件:① 任意阵元间距需大于最小阵元间距 $d_c$;② 阵列四个角上必须有阵元,以保证优化后稀布阵列的口径保持不变。

将 $N$ 个阵元位置转化为用一个 $N_Y$ 行 $N_Z$ 列的二维复数稀疏矩阵 $\pmb{C}$ 来描述,$\pmb{C}$ 的内容为 $dy+\mathrm{j}dz$,$dy$ 表示方位向坐标,$dz$ 表示俯仰向坐标。当阵元数 $N = N_Y{\times}N_Z$ 时,$\pmb{C}$ 为满阵;当 $N < N_Y{\times}N_Z$ 时,$\pmb{C}$ 为稀疏矩阵,需从中随机取 $N_Y{\times}N_Z - N$ 个值置为 0,这样就保证了阵元数被约束为 $N$。相应的方向图函数可以表示为

$$F(\theta,\phi) = \sum_{m=0}^{N_Y-1} \sum_{n=0}^{N_Z-1} \mathrm{e}^{\mathrm{j}\frac{2\pi}{\lambda}[d_m(\cos\theta\sin\phi - \cos\theta_0\sin\phi_0) + d_n(\sin\theta - \sin\theta_0)]} \tag{2-20}$$

与稀疏阵列相同,稀布阵列的适应度函数如下:

$$MSLL = \max_{\phi\in S_1}\left[F_{\mathrm{dB}}(\phi,\theta_0;\phi_0,\theta_0)\right] + \max_{\phi\in S_2}\left[F_{\mathrm{dB}}(\phi_0,\theta;\phi_0,\theta_0)\right] \tag{2-21}$$

若直接对 $(y_n,z_n)$ 坐标进行搜索,搜索空间太大,会影响算法的效率。本节采用如下方法进一步减少搜索空间。在 $y$ 方向上,将 $dy$ 拆分为两个部分 $y_{mm}$ 与 $(m-1)d_c$ 之和,用下式表示:

$$dy = \begin{bmatrix} dy_{11} & dy_{12} & \cdots & dy_{1NZ} \\ dy_{21} & dy_{22} & \cdots & dy_{2NZ} \\ \vdots & \vdots & & \vdots \\ dy_{NY1} & dy_{NY2} & \cdots & dy_{NYNZ} \end{bmatrix}$$

$$
= \begin{bmatrix} y_{11} & y_{12} & \cdots & y_{1NZ} \\ y_{21} & y_{22} & \cdots & y_{2NZ} \\ \vdots & \vdots & & \vdots \\ y_{NY1} & y_{NY2} & \cdots & y_{NYNZ} \end{bmatrix} + \begin{bmatrix} 0 & 0 & \cdots & 0 \\ d_{\mathrm{c}} & d_{\mathrm{c}} & \cdots & d_{\mathrm{c}} \\ \vdots & \vdots & & \vdots \\ (N_Y-1)d_{\mathrm{c}} & (N_Y-1)d_{\mathrm{c}} & \cdots & (N_Y-1)d_{\mathrm{c}} \end{bmatrix}
$$

$$\text{(2-22)}$$

为了满足任意阵元间距大于等于 $d_{\mathrm{c}}$，需满足：

$$
y_1 \leqslant y_2 \leqslant y_3 \leqslant \cdots \leqslant y_{NY} \in \left[0, L-(N_Y-1)d_{\mathrm{c}}\right] \tag{2-23}
$$

通过上述操作就可以将个体基因 $y$ 方向上的间隔 $dy$ 间接地转化到了 $y_{mn}$，将搜索空间从 $[0,L]$ 减小到了 $\left[0, L-(N_Y-1)d_{\mathrm{c}}\right]$。在 $z$ 方向上也可以用同样的方法处理，这里不再赘述。同稀疏阵列，稀布阵列的低副瓣电平优化问题的适应度函数优化模型如下：

$$
\min_{y,z}\{MSLL\} \tag{2-24}
$$

式中，min 表示求最小值函数，通过优化 $y$、$z$ 的取值，使稀布平面阵列方位向与俯仰向方向图的最大副瓣电平之和最小。

综上，基于改进遗传算法的二维稀布阵列的低副瓣电平的优化算法流程是：首先产生实值的中间初始种群，然后将种群中的个体基因从小到大进行排序并计算个体的真实间距。再采用式(2-23)来评估种群中所有个体的适应度值，再将个体和对应的适应度值进行关联并存入多节点记忆神经网络。在后续的迭代过程中，如果有重复出现的个体，可经过神经网络直接得到适应度值，避免重复计算，从而缩短迭代时间。然后判定是否满足终止条件，若满足，则运算停止，输出最优个体为优化结果；若不满足，则对当代种群的个体施加选择算子、交叉算子、变异算子以及灾变算子的运算，最后确保新生成下一代种群中的所有个体的稀布率保持不变。对进化后的子代群体，再重新进行基因排序、真实间距的转换和适应度的评估，如此循环下去，直至达到终止准则为止。稀布阵列优化的运算流程如图 2-7 所示。

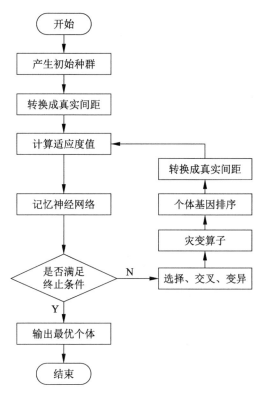

**图 2-7　稀布阵列优化的运算流程**

## 2.4　W 波段单脉冲稀疏阵列天线设计

　　为了获得更高的增益和窄波束,需将天线按照一定的排列规则构成阵列天线。阵列天线的类型有多种,如反射面天线阵列[89-91]、波导缝隙天线阵列[92]、微带天线阵列和基片集成波导(SIW)天线阵列[93-96]等。其中,反射面天线结构简单且具有较高增益,但不适用于低剖面的应用场景;微带天线和SIW 天线成本较低、具有低剖面,在毫米波低频段具有广泛的应用,但随着频率的提高,其损耗也急剧增加。与这些天线相比,波导缝隙天线具有低剖面、低插入损耗、易加工等特点,并且易于扩展为大型阵列天线[97]。文献[98]介绍了一种工作在 V 波段的宽度高增益波导缝隙阵列天线,然而在 W 波段,波导缝隙阵列中的缝隙数量较多且缝隙加工对精度的要求较高,与其相比,喇叭阵列天线更容易加工。

然而,传统的喇叭阵列天线也存在一些问题,必须通过新的设计加以解决。由于喇叭天线单元和阵列馈电波导的尺寸较大,喇叭阵列天线在布阵时,阵元间距通常会大于一个波长,从而导致较高的副瓣电平和栅瓣的出现。文献[99][100]中使用辐射方向图中的零位来消除栅瓣,另一种方法是将馈电网络分为多层,以减少元件间距[101]。此外,文献[102][103]基于幅度加权法,设计了输出幅度逐渐减小的非等分的功率分配网络用于天线单元的馈电,从而实现副瓣电平的抑制。然而,在毫米波高频段和大口径波导阵列天线中,高精度的加工要求限制了此种方法的应用。

本节通过稀布阵的方式,实现了喇叭阵列天线的低副瓣电平和窄波束,设计了一款稀疏率为32%的喇叭单脉冲天线。首先基于改进型遗传算法进行稀疏阵的优化设计,以 $E$ 面和 $H$ 面副瓣电平均低于 $-19$ dB 为优化目标,获得优化后的阵元布局;然后根据阵元位置,设计非规则的波导互连网络来连接阵元和功分器网络;最后设计和差网络,实现和差波束的形成。此项工作有以下几个创新点:第一,首次将稀布阵用于 W 波段单脉冲天线,并实现了低副瓣电平和窄波束。第二,所设计的非规则波导互连网络实现了不规则分布的天线阵元和均匀分布的馈电端口的低损耗互连,且此网络具有一定的适用性,也是有源相控稀布阵工程实现的关键部件。第三,由于天线阵列的低稀疏率设计,天线单元距离增加了,同时馈电网络的复杂度也降低了。最终对天线进行加工和测试,测试结果表明,该阵列具有低副瓣、高增益、高端口隔离度以及高零深等特点。

### 2.4.1 单脉冲天线简介

单脉冲天线因能产生和波束与差波束,且可同时测得目标的角度信息和距离信息,在雷达和卫星目标跟踪系统中有着广泛的应用。单脉冲天线通过4个独立的接收天线或者天线子阵同时接收目标反射信号,然后通过比较器进行比较,得到目标的定向信息。单脉冲天线根据比较器类型的不同,可以分为振幅单脉冲天线、相位单脉冲天线以及幅相单脉冲天线。其中幅相单脉冲天线分别在方位面和俯仰面比较回波信号的幅度和相位来获得角度信息。由于振幅单脉冲天线应用更为广泛,本节重点讨论振幅单脉冲的工作原理。

单脉冲雷达基于和波束的测距原理和其他类型雷达一样,这里不再赘述。振幅单脉冲天线基于差波束的测角原理,如图 2-8 所示,差波束是通过反相激励天线口径面上对称区域的辐射天线或者天线子阵而形成的波束,为了便于说明工作原理,可以将单脉冲天线辐射的差波束理解为两个波束在空间位置的叠加,且这两波束的中心线和交叠方向的角度分别为 $\pm\theta_0$。若目标位于 $A$ 处,则右侧波束所接收到的目标反射信号幅度将会大于左侧,且可以根据两波束接收信号的幅度差来推算目标偏离波束交叠方向的角度大小,根据幅度差值的正负号来确定偏离方向[104]。这是一个主平面的测角原理,同理,在另一个平面也需要两个这样的波束,因此单脉冲天线共需要 4 个天线(或天线子阵)来实现对目标的测角定向。

如图 2-9 所示,单脉冲天线分别由改变输出相位的单脉冲比较器和用于电磁能量辐射的天线(或天线子阵)组成。当它工作于接收模式时,4 个天线分别接收目标反射信号传送到比较器,最终得到和信号、俯仰差信号和方位差信号来确定目标的距离和定向信息。辐射部分可由单独的天线或者阵列组成,为了实现更高的增益,单脉冲天线阵列应用更为广泛。除高增益的需求外,单脉冲天线还需要具有窄的辐射波束和低副瓣电平以获得更高的空间分辨率。

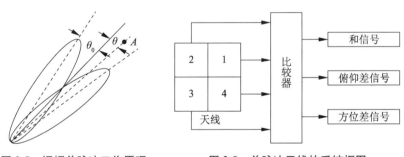

图 2-8　振幅单脉冲工作原理　　　图 2-9　单脉冲天线的系统框图

### 2.4.2　遗传算法优化

基于 2.3 节提出的改进遗传算法的稀疏阵优化算法对 10×10 的喇叭天线阵列进行稀疏阵优化。阵列口径为 32.5 mm×32.5 mm,喇叭单元的口径为 2.8 mm×2.8 mm,单元间距为 3.1 mm;稀疏率设为 32%,并将 $E$ 面和 $H$ 面的副瓣电平之和设为遗传算法优化的适应度函数且优化目标为阵列的 $E$ 面和 $H$ 面副瓣电平均低于−18 dB。经过稀布阵优化算法的迭代优化后,满阵列和稀疏阵列天线阵元分布如图 2-10 所示,与满阵相比,稀疏后的阵列单元数仅为 32 个。

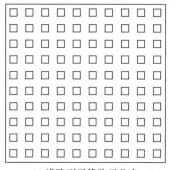
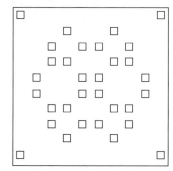

(a) 满阵列天线阵元分布　　　　　　(b) 稀疏阵列天线阵元分布

**图 2-10　满阵列和稀疏阵列天线阵元分布图**

　　满阵和稀疏阵列在 94 GHz 频点处的 $E$ 面辐射方向图的对比如图 2-11 所示,从图中可以看出,阵列单元进行稀疏优化后,阵列天线的波束宽度基本保持不变,而副瓣电平明显低于满阵的副瓣电平。稀疏阵列的 $E$ 面和 $H$ 面辐射方向图如图 2-12 所示,从图中可以看出 $E$ 面和 $H$ 面的副瓣电平均低于 $-19$ dB,符合优化目标。

　　从稀疏阵列的优化结果来看,$E$ 面和 $H$ 面的辐射方向图副瓣电平均低于目标值,但这是纯理论的优化结果,在优化过程中并没有考虑馈电网络、功分网络等的影响。因此要实现窄波束和低副瓣的稀疏阵列天线,还需要对单脉冲天线进行整体设计,包括设计出性能优良的馈电网络、和差器及功分器等。

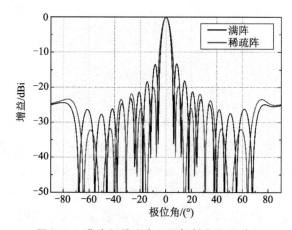

**图 2-11　满阵和稀疏阵 $E$ 面辐射方向图对比**

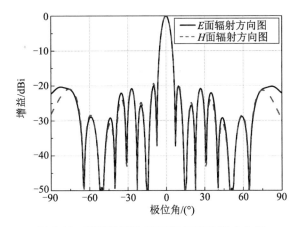

图 2-12　稀疏阵列的 *E* 面和 *H* 面辐射方向图

### 2.4.3　天线整体设计

本节设计的单脉冲稀疏阵列天线总体结构如图 2-13 所示,该阵列由稀疏辐射阵列、非规则波导互连网络、功分网络以及和差网络四个部分组成。阵列天线是关于四个象限对称的,以便形成 *E* 面和 *H* 面的对称和差波束。

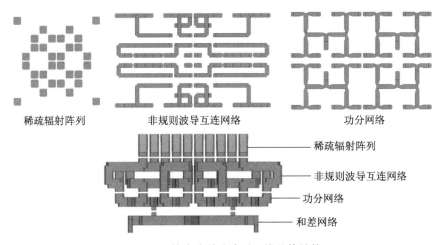

稀疏辐射阵列　　　　　　非规则波导互连网络　　　　　　功分网络

稀疏辐射阵列

非规则波导互连网络

功分网络

和差网络

图 2-13　单脉冲稀疏阵列天线总体结构

稀疏阵列的单元位置是根据上节的遗传算法优化结果确定的。由于阵元的稀疏分布,需要设计低损耗且具有相位补偿功能的非规则波导互连网络以实现阵元与功分器的互连。所设计的非规则波导互连网络由 32 个弯波导组成,每个弯波导的长度由需要的补偿相位值决定。功率分配器由 28 个一分二的功分器组成。功分网络有 4 个输入口,分别与和差网络的 4 个输出口相连。

### 2.4.3.1 喇叭天线阵元设计

稀疏阵由 32 个喇叭天线阵元组成,每个阵元的距离为阵元最小间距的整数倍。图 2-14 为所设计的喇叭天线阵元,其辐射孔径为 2.8 mm×2.8 mm,优化后的喇叭天线阵元的结构参数列于表 2-1。图 2-15 为喇叭天线阵元的辐射方向图仿真结果,可以看出,喇叭天线阵元的增益约为 9.2 dBi,其 $E$ 面和 $H$ 面波束宽度基本一致。

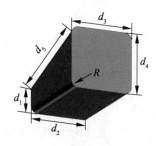

图 2-14　喇叭天线阵元

表 2-1　喇叭天线阵元的结构参数　　　　　　　　　　单位:mm

| 结构参数 | $d_1$ | $d_2$ | $d_3$ | $d_4$ | $d_5$ | $R$ |
| --- | --- | --- | --- | --- | --- | --- |
| 参数值 | 1.27 | 2.54 | 2.80 | 2.80 | 5.00 | 0.30 |

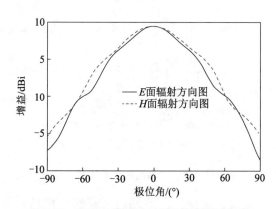

图 2-15　喇叭天线阵元辐射方向图仿真结果

### 2.4.3.2 非规则波导互连网络设计

基于稀疏阵优化算法来优化阵列天线中的阵元位置,可以获得低副瓣电

平的辐射方向图。但由于天线单元是非等间距分布的,这也给馈电网络的设
计带来了困难。本节设计了非规则的波导互连网络来实现非规则分布的天
线阵元与规则分布的功分器网络输出端口的连接。为了得到更高的辐射效
率和增益,还要求此网络具有极低的传输损耗和相位补偿功能。本研究所设
计的非规则波导互连网络由 32 个弯波导组成,弯波导分为 E 型弯波导和 H
型弯波导两种,这两种弯波导均可通过优化相应的倒角尺寸来实现低损耗特
性。图 2-16 为这两种弯波导的倒角优化模型,图 2-17 和图 2-18 分别为 E 型
弯波导和 H 型弯波导的传输系数优化结果。可以看出,当 $a$ 取 0.9 mm 时,E
型弯波导的传输损耗最小;当 $b$ 取 0.6 mm 时,H 型弯波导的传输损耗最小。

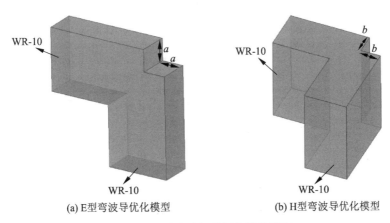

(a) E型弯波导优化模型　　　　　　(b) H型弯波导优化模型

**图 2-16　两种弯波导的倒角优化模型**

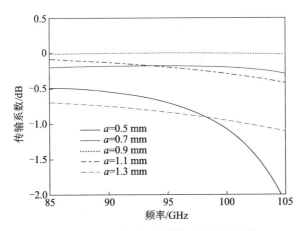

**图 2-17　E 型弯波导的传输系数优化结果**

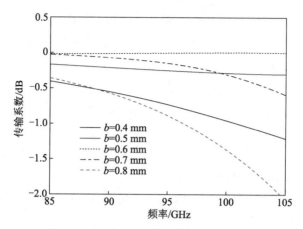

图 2-18　H 型弯波导的传输系数优化结果

由 32 个弯波导组成的非规则波导互连网络是关于四个象限对称的，其中一个象限的互连网络结构如图 2-19 所示，其中每个弯波导的长度都是根据所需要补偿的相位确定的。E 型弯波导和 H 型弯波导的 S 参数如图 2-20 所示，可以看出，在 85 GHz～105 GHz 频带内，反射系数均低于−15 dB，传输损耗均低于 0.05 dB。

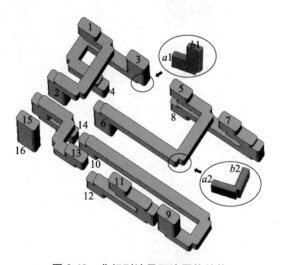

图 2-19　非规则波导互连网络结构

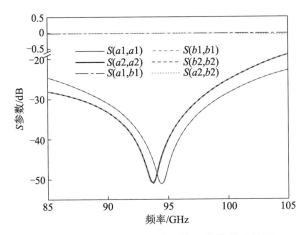

**图 2-20　E 型和 H 型弯波导的 S 参数仿真结果**

四分之一象限的非规则波导互连网络的 S 参数仿真结果如图 2-21 所示，可以看出，在 85 GHz~105 GHz 范围内，反射系数均小于 -15 dB，插入损耗均小于 0.22 dB。

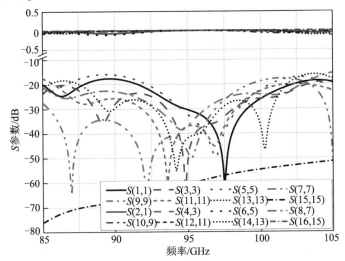

**图 2-21　非规则波导互连网络 S 参数仿真结果**

为了使稀疏分布的天线阵元的馈电相位相同，非规则波导互连网络需要设计不同的长度来补偿相应的相位。非规则波导互连网络的传输相位如图 2-22 所示，从图中可以看出，相邻的弯波导相位差是 180°，这是因为连接它们的功分器是由输出反相位的 ET（E 面 T 型结）组成，经过两次反相后，每个阵元的馈电相位是同相的。图中还可以看出，部分端口的相位差曲线有一定的倾斜度,这是由于相位补偿是在 94 GHz 频点处进行设计的,即部分传输网络物理长度不一样导致色散,但在设计的 92 GHz~96 GHz 工作频带内,对阵列天线的辐射性能影响不大。

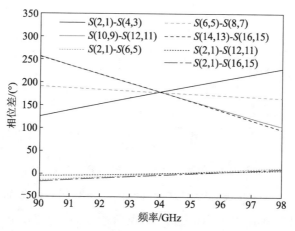

**图 2-22    非规则波导互连网络的相位特性**

### 2.4.3.3    功分网络设计

上述设计的非规则互连网络已将非等间距分布的天线单元馈电端口转换为规则间距分布的激励端口,下一步需要设计性能良好的功率分配网络给喇叭天线阵元等幅同相馈电,以实现单脉冲天线阵的理想辐射波束。喇叭天线单元采用并联馈电的方式,且设计的功分网络应具备极低的传输损耗,以使阵列天线达到较高的辐射效率和增益。

波导功分器的种类有很多,其中 ET($E$ 面 T 型结)功分器和 HT($H$ 面 T 型结)功分器因结构简单、性能优、易于加工等特点,在毫米波阵列天线的馈源网络中有着广泛的应用。ET 和 HT 结构如图 2-23 所示,通过参数优化,两种 T 型结均可实现较好的仿真结果。但在实物测试中,往往 E 型结具有更好的测试性能,这是因为 T 型结均为分层加工,然后通过螺钉装配压合,因此不同层之间不可避免地存在间隙。ET 功分器和 HT 功分器的装配截面对表面电流的影响如图 2-24 所示,可以看出 HT 功分器截面截断了表面电流从而增大了传输损耗,而 ET 功分器截面不切断表面电流,其间隙对传输损耗的影响较小,因此本节选用了 ET 功分器。

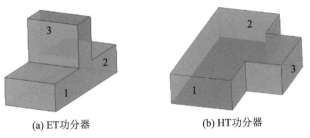

(a) ET功分器　　　　　　　　(b) HT功分器

**图 2-23　ET 功分器和 HT 功分器结构图**

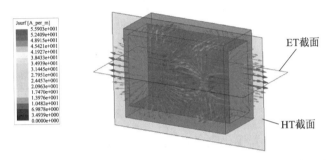

**图 2-24　ET 功分器和 HT 功分器的装配截面对表面电流的影响**

　　本节设计的 ET 功分器的结构如图 2-25 所示,优化后的结构参数列于表 2-2,此 ET 功分器的仿真结果如图 2-26 所示。由图 2-26 可以看出,这种结构的功分器输入端口反射系数在 85 GHz~105 GHz 频带内,均低于−20 dB,输入口至两个输出端口的传输系数约为−3.1 dB,较接近理论值;从图 2-26(b)可以看出 ET 功分器的输出端口相位是反相的。

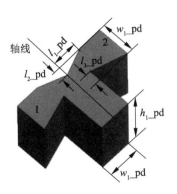

**图 2-25　ET 功分器的结构**

表2-2　ET功分器优化结构参数　　　　　　　　单位：mm

| 结构参数 | $w_1\_pd$ | $h_1\_pd$ | $l_1\_pd$ | $l_2\_pd$ | $l_3\_pd$ |
|---|---|---|---|---|---|
| 参数值 | 1.27 | 2.54 | 0.99 | 0.38 | 0.39 |

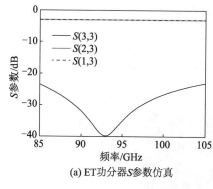 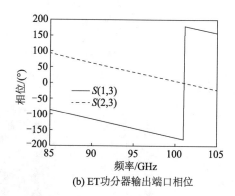

(a) ET功分器$S$参数仿真　　　　　　　(b) ET功分器输出端口相位

图2-26　ET功分器的仿真结果

在ET一分二功分器优化完成后，用此功分器进行级联，组成4个相同的一分八功分器，如图2-27所示。此一分八功分器的$S$参数仿真结果如图2-28所示，可以看出在设计的频带内，输入端口的反射系数均低于-20 dB，输入口至8个输出口的传输系数相同且均为-9.3 dB，较接近理论值；相邻的输出端口的相位差为180°。由于非规则互连波导网络中的相邻输出端口也是反相的，因此最终稀疏阵中的激励各个阵元的相位是相同的。

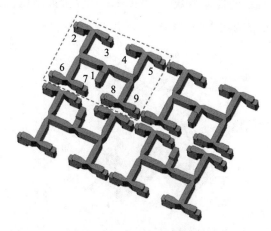

图2-27　功分网络结构图

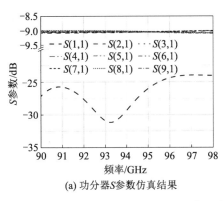

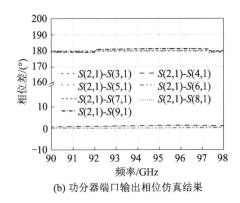

(a) 功分器 S 参数仿真结果　　　　　(b) 功分器端口输出相位仿真结果

**图 2-28　一分八功分器 S 参数仿真结果**

#### 2.4.3.4　和差网络设计

在完成辐射阵列和馈电网络优化设计后,需要设计单脉冲天线中的另一个关键部件——和差网络。和差网络的工作带宽、隔离度以及幅差一致性等性能参数会直接影响单脉冲天线的性能。波导结构的和差网络可由多个具有波导结构的定向耦合器改进和组合而成。定向耦合器是一种常用的微波毫米波部件,可用于信号的隔离、分离和混合等。东南大学毫米波国家重点实验室的 You 等人提出了一种结构紧凑的 V 型波导耦合器[104],本节设计的和差网络是基于此 3 dB 定向耦合器所进行的改进。3 dB 定向耦合器的工作原理如图 2-29(a)所示,当电磁场信号从端口 1 输入时,端口 4 的输出信号相位比端口 2 的输出信号相位超前 90°,端口 4 和端口 2 的输出信号幅度相等;端口 3 为隔离端口。当电磁场信号从端口 3 输入时,可以得到类似的结果。3 dB 耦合器的两个输出端口之间存在 90°相位差,要使其输出相位差为 180°,需要增加四分之一波长的长度建立 90°进行相位叠加,如图 2-29(b)所示。

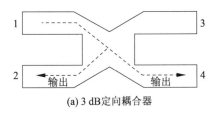

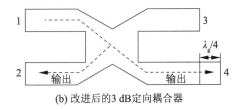

(a) 3 dB 定向耦合器　　　　　　　(b) 改进后的 3 dB 定向耦合器

**图 2-29　3 dB 定向耦合器的工作原理**

增加 90°移相器的 3 dB 耦合器如图 2-29(b)所示,当电磁波从端口 1 输入时,可以在端口 2 和端口 4 产生等幅同相的信号。当电磁波从端口 3 输入时,端口 2 和端口 4 的输出信号幅度相等、相位相反。改进后的 3 dB 定向耦合器的模型如图 2-30 所示,优化结构参数见表 2-3。

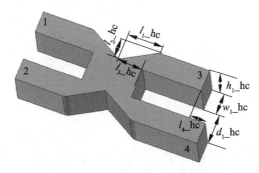

图 2-30　改进后的 3 dB 定向耦合器模型

表 2-3　改进后的 3 dB 定向耦合器优化结构参数　　单位:mm

| 结构参数 | $d_1\_hc$ | $w_1\_hc$ | $h_1\_hc$ | $l_1\_hc$ | $l_2\_hc$ | $l_4\_hc$ |
|---|---|---|---|---|---|---|
| 参数值 | 1.73 | 1.27 | 2.54 | 2.01 | 1.12 | 0.95 |

图 2-31 为改进的 3 dB 定向耦合器的 $S$ 参数仿真结果,可以看出,端口 1 至端口 2 和 4 的传输系数约为−3.1 dB,端口 1 至端口 4 的隔离度在 85 GHz~105 GHz 频段范围内低于−10 dB;当电磁信号从端口 1 输入时,端口 2 和端口 4 的输出信号是等幅同相的;当电磁信号从端口 3 输入时,端口 2 和端口 4 的输出信号是等幅反相的,这也与前文的分析是吻合的。

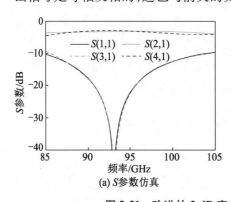

(a) $S$ 参数仿真

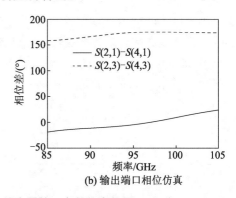

(b) 输出端口相位仿真

图 2-31　改进的 3 dB 定向耦合器的 $S$ 参数仿真结果

如图 2-32 所示,用四个改进的 3 dB 耦合器组成一个二维和差网络。如果激励和端口(Sum Port),则端口 1~4 将输出等幅同相信号;如果差端口 1(DiffE Port)被激励,则端口 1、2 的输出相位和端口 3、4 的输出相位相差

180°；如果差端口 2（DiffH Port）被激
励，则端口 1、3 的输出相位和端口 2、
4 的输出相位相差 180°。此和差网
络的四个输出端口 1～4 分别与
图 2-27 中的功分网络的 4 个输入端
口对接，再通过激励不同的输入端
口，最终可产生和波束、方位差波束
和俯仰差波束方向图。

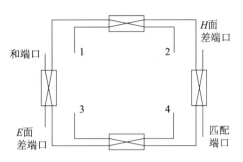

**图 2-32　二维和差网络结构示意图**

　　和差网络的仿真结果如图 2-33 所示，在 92 GHz～96 GHz 范围内，和端
口、方位差端口、俯仰差端口的反射系数均小于 −15 dB。输出端口之间的幅
度差小于 0.5 dB，和端口之间的相位不平衡小于 4°，不同端口在工作频带内
的相位不平衡小于 5.5°。

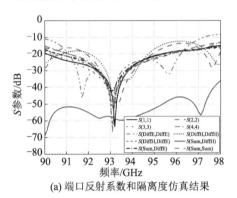

(a) 端口反射系数和隔离度仿真结果

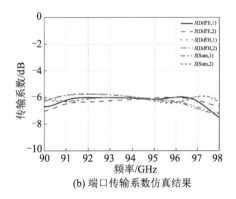

(b) 端口传输系数仿真结果

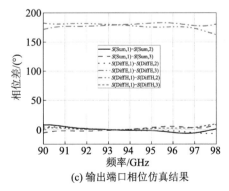

(c) 输出端口相位仿真结果

**图 2-33　和差网络的仿真结果**

### 2.4.4　天线测试

　　为了验证所设计的 W 波段单脉冲稀疏阵列天线的性能,应使用铝材料铣削工艺对其进行加工。为了便于加工,天线被分离成五层金属层,在每层金属的两侧分别进行铣削。每个金属部件上都设计了定位孔和安装孔。天线样机实物加工图如图 2-34 所示。

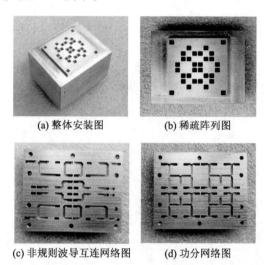

(a) 整体安装图　　　　　(b) 稀疏阵列图

(c) 非规则波导互连网络图　　　(d) 功分网络图

**图 2-34　加工后的天线照片**

　　天线反射系数的仿真和测试结果对比如图 2-35 所示,可以看出,在设计的工作频带范围内,反射系数均低于−10 dB,且测试结果和仿真结果吻合度较好。

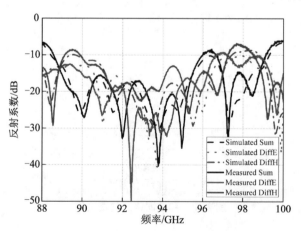

**图 2-35　仿真和测试的天线反射系数**

图 2-36 所示为在微波暗室中对天线进行了远场方向图测试,图 2-37(a)
和(b)、图 2-37(c)和(d)、图 2-37(e)和(f)分别为阵列天线在 92 GHz、94 GHz
和 96 GHz 时仿真和测试的 E 面和 H 面归一化方向图。从图中可以看出,测
试的和差波束与仿真结果吻合得非常好,且和差矛盾均小于 4 dB。阵列天线
的增益和副瓣电平测试如图 2-38 所示,在 92 GHz~96 GHz 的频带范围内,天
线增益均大于 22.5 dBi,且副瓣电平均低于−19 dB。

**图 2-36　天线远场方向图测试现场图**

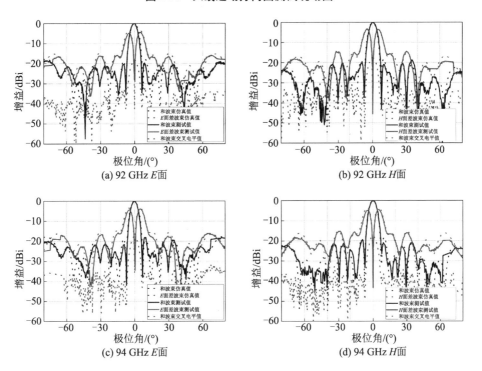

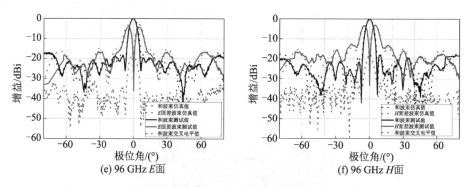

(e) 96 GHz E面　　　　　　　　　(f) 96 GHz H面

**图 2-37　W 波段单脉冲喇叭稀疏阵列天线仿真和测试的归一化方向图**

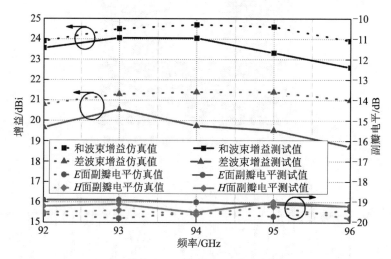

**图 2-38　阵列天线的增益和副瓣电平测试**

　　表 2-4 将所设计的天线和相关文献中提到的 W 波段单脉冲天线从天线类型、天线口径、波束宽度、阵元数目、副瓣电平及增益等方面进行了比较。与这些 W 波段单脉冲阵列天线相比,该稀疏阵列的主要优点是可以用较少的天线单元实现更窄的波束宽度,并可抑制副瓣和栅瓣。因此,稀疏阵列可应用于大型有源相控阵天线,以降低系统成本和系统复杂度,此外,它还可以应用于天线孔径合成的应用中。

表 2-4 W 波段单脉冲天线性能比较

| 文献 | 天线类型 | 天线口径/ mm² | 波束宽度/ (°) | 阵元数目 | 副瓣电平/ dB | 增益/ dBi |
|---|---|---|---|---|---|---|
| [44] | Horn | π×50×50 | 2.2 | 752 | −21 | 35.6 |
| [21] | Cassegrain | π×67.5×67.5 | 1.65 | 1 | −17 | 36.1 |
| [105] | Slot | 55×55 | 2 | 16×16 | −16 | 30.0 |
| [106] | Cassegrain | π×68.5×68.5 | 1.5 | 1 | −15 | 37.9 |
| [4] | Slot | 130×125 | 3.5 | 32×32 | −12 | 25.8 |
| 本研究 | Horn | 52×41 | 5.2 | 32 | −19 | 22.5 |

本节基于稀疏阵优化理论设计了一款具有低副瓣电平的 W 波段单脉冲稀疏阵列。实验结果表明,该天线的 E 面和 H 面副瓣电平均可达到−19 dB,差波束零深均小于−30 dB,验证了理论分析。此天线具备很好的性能和易加工的优势,在毫米波雷达中具有广泛的应用前景。

## 2.5 W 波段有源相控阵稀布阵天线设计

随着现代无线技术的快速发展,毫米波相控阵天线以其体积小、重量轻、探测精度高、反应速度快、适用范围广等优点,在军用和民用领域得到越来越广泛的应用。相控阵天线技术在微波频段应用比较广泛,但在 W 波段,其损耗高、易受表面波等影响,以及市场对低成本和高集成度有较高的需求,使相控阵天线技术在阵列规模、集成实现方面遇到许多实际困难。例如设计一款工作在 W 波段的有源相控阵天线,在天线口径为 150 mm×150 mm,且满足±15°的扫描条件下,若按满阵方式布置天线单元,则所需阵元数约为 2500 个。采用这样的设计,会导致天线阵列密度太高,实现难度很大;此外,每个天线单元对应一个射频收发通道,因此实现成本非常高。若采用稀布率为 20% 的稀布阵列,可以将天线阵元数目减少到约 500 个,使与天线单元对接的收发组件的数量也相应得到减少,给单个组件的位置空间也更大,有利于空间结构布局、散热等工程实现,同时天线及收发前端组件的总成本也大大降低。

2.4 节基于提出的稀布阵优化算法设计了一款 W 波段单脉冲稀疏阵列天线,本节将通过此算法优化设计一款口径和阵列规模更大的 W 波段有源相控阵稀布阵列天线,并通过仿真验证算法的准确性。

### 2.5.1 遗传算法优化

基于 2.3 节提出的改进遗传算法的稀布阵优化算法对口径直径为 130 mm 的圆口径喇叭阵列天线进行优化。稀布阵优化算法有以下几个初始约束条件：① 喇叭单元的口径为 2.8 mm×2.8 mm；② 单元的位置随机但需满足最小间距为 3.1 mm 的工程实现条件；③ 此阵列阵面关于四个象限对称，以便形成和差波束。优化目标为全空间且在 ±15° 扫描范围内的辐射方向图副瓣电平均低于 −15 dB。

该阵列天线若按满阵方式设计，阵元数约为 1200 个，经稀布算法优化后为 192 个，稀布率仅为 16%，天线阵元数量大大减少，射频通道数量也相应减少，因此，整个系统成本大大降低。经过稀布阵优化算法的迭代优化，阵列天线的阵元分布如图 2-39 所示。

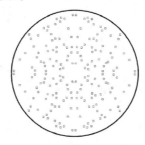

**图 2-39 W 波段有源相控阵天线阵元分布图**

通过 Matlab 软件对该阵列的方向图进行初步计算，图 2-40 为该天线 E 面和 H 面波束在 ±15° 扫描时的方向图，可以看出，两个面的方向图的副瓣电平在波束 ±15° 扫描范围内均低于 −15 dB，符合优化目标。

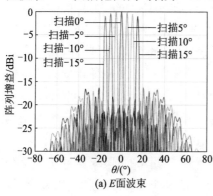

(a) E 面波束

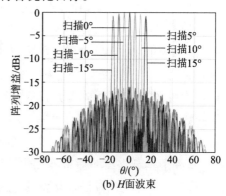

(b) H 面波束

**图 2-40 E 面和 H 面波束在 ±15° 扫描时的方向图**

### 2.5.2　天线设计与仿真

通过毫米波稀布阵优化算法获得阵列天线的阵元分布后,使用电磁仿真软件 HFSS 对该阵列天线进行建模和进一步的仿真。所设计的天线如图 2-41 所示,可以看出,该阵列由稀布辐射阵列、非规则波导互连网络和规则馈电端口三部分组成。其中非规则波导互连网络的主要作用是将随机分布的天线阵元馈电端口转换为规则分布的馈电端口,以便与收发射频组件连接。该阵列中的辐射单元结构和非规则波导互连网络的结构与上节介绍的 W 波段单脉冲稀疏阵列天线中的一致,这里不再赘述。

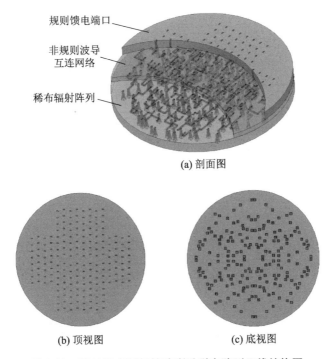

规则馈电端口

非规则波导
互连网络

稀布辐射阵列

(a) 剖面图

(b) 顶视图　　　　　　　(c) 底视图

**图 2-41　W 波段有源相控阵喇叭稀布阵列天线结构图**

在电磁仿真软件中设置 192 个波端口对天线进行馈电,通过设置波端口的相位,得到该阵列天线的波束扫描方向图。图 2-42 为该阵列天线在 92 GHz、94 GHz 和 96 GHz 的 $E$ 面、$H$ 面的波束扫描方向图,从图中可以看出,在 $\pm15°$ 波束扫描范围内,两个面的副瓣电平均低于 $-15$ dB。

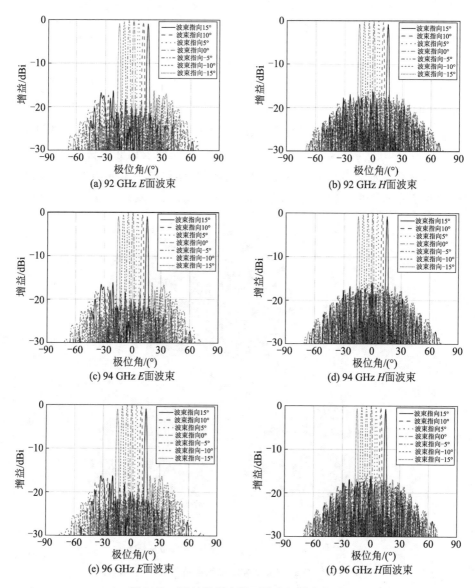

(a) 92 GHz *E*面波束

(b) 92 GHz *H*面波束

(c) 94 GHz *E*面波束

(d) 94 GHz *H*面波束

(e) 96 GHz *E*面波束

(f) 96 GHz *H*面波束

**图 2-42　W 波段稀布阵列波束扫描方向图**

图 2-43 为该阵列天线的增益和副瓣电平曲线图,可以看出,在 92 GHz~96 GHz 频带范围内,天线增益均大于 32.5 dBi,且副瓣电平均低于-15 dB。

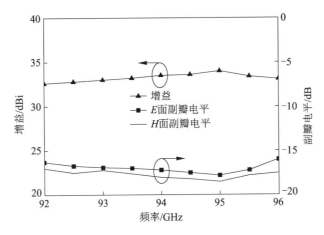

图 2-43　W 波段稀布阵列天线增益和副瓣电平仿真结果

　　该有源相控阵稀布阵列天线需要与 W 波段有源射频组件配合才可以进行实物测试,实际中由于无法获得射频组件,因而无法进行实物测试。但此款有源相控阵喇叭稀布阵列天线采用的喇叭单元、非规则波导互连网络以及加工工艺和上节介绍的 W 波段单脉冲喇叭稀疏阵列是相同的,并且 W 波段单脉冲喇叭稀疏阵列的测试结果和仿真结果高度吻合,因此也可以推断,本节所设计的 W 波段有源相控阵喇叭稀布阵列天线同样具备良好的测试性能。

## 2.6　本章小结

　　本章首先介绍了阵列天线的基本理论,提出了一种基于改进型遗传算法的稀布阵优化算法并详细介绍了稀疏阵列和稀布阵列的优化流程。然后基于提出的稀布阵优化算法,设计了一款新型的 W 波段单脉冲喇叭稀疏阵列和一款 W 波段有源相控阵喇叭稀布阵列天线。在单脉冲喇叭稀疏阵列天线设计中,以低副瓣电平为优化目标,对阵元的位置进行优化布局,设计了低损耗和具备相位补偿功能的非规则波导互连网络以实现非规则分布的阵元与规则分布的功分器输出端口的互连,接着设计了波导功分器和和差网络实现和差波束的激励。测试结果显示在 92 GHz~96 GHz 频带范围内,和波束和差波束激励端口的反射系数均低于−15 dB,和波束增益均大于 22.5 dBi,和差矛盾在 4 dB 以内且副瓣电平均低于−19 dB。在 W 波段有源相控阵喇叭稀布阵列天线的设计中,运用所提出的稀布阵优化算法对直径为 130 mm 的圆口径喇叭阵列天线进行优化,以 $E$ 面和 $H$ 面的±15°的动态波束的低副瓣为优化目标,实现了稀布率仅为 16%(满阵阵元数量为 1200 个,稀布后为 192 个)的稀布阵列天线,仿真结果表明在 92 GHz~96 GHz 频带范围内,天线增益均大于 32.5 dBi,且 $E$ 面和 $H$ 面±15°的动态波束的副瓣电平均低于−15 dB。综上,本章提出的基于改进型遗传算法的稀布阵优化算法具有高效率和可多目标优化的特点;所设计的稀布阵天线具有增益高、副瓣电平低和易加工等特点。本章的研究为毫米波稀布阵优化理论和 W 波段喇叭阵列设计提供了有价值的参考。

# 第3章 应用于 W 波段封装集成天线的垂直互连技术研究

## 3.1 引言

随着无线收发系统工作频率的不断提高和微电子技术的不断发展,研究者们提出利用封装集成天线来代替传统的板级系统以降低有源射频芯片与天线之间的传输损耗。封装天线是基于特殊的封装材料和工艺如 LTCC、硅基三维集成、HDI 等,在毫米波系统设计中,将毫米波 T/R 芯片和天线集成在一个封装内,使其成为高密度集成系统的技术。封装天线可以有效地降低系统内部的互连损耗,实现系统的轻薄化、高集成化。封装集成技术是毫米波技术发展的关键技术,其代表着毫米波技术的重大升级方向[107-110]。

在毫米波低频段,芯片的射频信号与天线可以通过传统的互连方式如金丝键合等技术实现,随着频率的上升,特别是在 W 波段及以上频段,金丝键合的性能以及一致性远不及其在低频段的表现。垂直互连技术是指在系统级封装中实现各金属层之间信号线、电源线、接地线相互连接的技术;其中射频信号的工作频率高,其互连损耗受工艺、材料及结构参数的影响较大,因此低损耗的射频信号的垂直互连结构的实现是毫米波封装天线系统的难点和关键技术之一。在封装天线系统中,为了实现更小的系统体积,天线通常被设计在封装系统的顶层,而芯片大都采用倒装焊技术设计在封装系统的底层。芯片的射频输出信号采用 BGA 焊接技术与多层介质基板连接,然后通过垂直互连结构实现与顶层的辐射天线的低损耗互连。此种互连方式很大程度上减少了电路之间的互连路径,降低了封装系统的体积,也减少了系统整体的传输损耗[111]。这种互连方式被认为是最具应用前景的低损耗传输解决方案,因此开展可应用于 W 波段封装集成天线的垂直互连技术研究,具有十分重要的意义。

本章首先介绍了组成垂直互连技术的毫米波传输线理论和类同轴理论,然后重点分析用于连接不同层传输线的垂直互连转换电路设计方法,最后基于传统的 PCB 工艺和硅基三维集成工艺分别设计了 2 款不同的垂直互连结构,通过仿真和测试验证其性能,为后续 W 波段封装天线的设计奠定了基础。

## 3.2 毫米波传输线理论和类同轴理论

### 3.2.1 毫米波传输线理论

在微波毫米波封装集成系统设计时,首先考虑的就是选择何种毫米波传输线。在设计中通常需要在不同的金属层设计不同种类的传输线,同时往往还需要设计不同传输线之间的转换结构。毫米波封装集成系统中传输线的应用场景通常可以分为两类:第一类为印制在基板表面的传输线,如微带线、共面波导(CPW)、带地共面波导(GCPW)等,其主要用于毫米波集成芯片和其他元器件的互连以及天线的馈线等;第二类为基板内部的传输线,如带状线和双地共面波导(GCPWG)等,其主要用于内部无源器件的互连以及天线的馈线等。在毫米波集成系统中,传输线作为芯片、各种器件之间的互连以及天线的馈线,其自身的传输损耗对于系统而言至关重要,因此在毫米波电路设计时,必须结合应用场景和传输线自身特点选择合适的传输线种类。

#### 3.2.1.1 微带线

如图 3-1 所示,微带线是一种由导带、地平面以及两者之间的基板材料(介质)组成的射频传输结构。微带线因具有传输性能优、成本低、结构简单等特点,在微波毫米波电路中应用非常广泛。

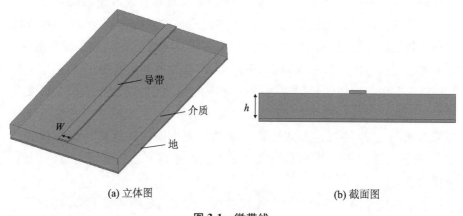

(a) 立体图　　　　　　　　　　　　(b) 截面图

**图 3-1　微带线**

对于确定尺寸的微带线,可通过下式计算特征阻抗[112]:

$$Z_0 = \begin{cases} \dfrac{60}{\sqrt{\varepsilon_{\mathrm{re}}}} \ln\left(\dfrac{8h}{W} + \dfrac{W}{4h}\right), & W/h \leqslant 2 \\[4mm] \dfrac{120\pi}{\sqrt{\varepsilon_{\mathrm{re}}}\left[W/h + 1.393 + 0.667\ln(W/h + 1.444)\right]}, & W/h > 2 \end{cases} \quad (3\text{-}1)$$

式中,$\varepsilon_{\mathrm{re}}$ 为微带线的有效介电常数,计算公式为

$$\varepsilon_{\mathrm{re}} = \frac{\varepsilon_{\mathrm{r}} + 1}{2} + \frac{\varepsilon_{\mathrm{r}} - 1}{2} \cdot \frac{1}{\sqrt{1 + 12h/W}} \quad (3\text{-}2)$$

式中,$\varepsilon_{\mathrm{r}}$ 为介质的介电常数;$W$ 为导带的宽度;$h$ 为基板材料的厚度。若把微带线考虑成一个准 TEM 线,微带线由于基板材料引起的损耗由下式计算:

$$\alpha_{\mathrm{d}} = \frac{k_0 \varepsilon_{\mathrm{r}} (\varepsilon_{\mathrm{re}} - 1) \tan\delta}{2\sqrt{\varepsilon_{\mathrm{re}}} (\varepsilon_{\mathrm{r}} - 1)} \ (\mathrm{Np/m}) \quad (3\text{-}3)$$

式中,$\tan\delta$ 为介质的损耗角正切。源于导体引起的损耗由下式确定:

$$\alpha_{\mathrm{c}} = \frac{R_{\mathrm{s}}}{Z_0 W} \ (\mathrm{Np/m}) \quad (3\text{-}4)$$

式中,$R_{\mathrm{s}} = \sqrt{\omega\mu_0/2\delta}$ 为导体的表面电阻。因此,在毫米波频段为了降低微带传输线的损耗,应选择损耗角正切较小的基板和电阻率较小的金属材料。

### 3.2.1.2　带状线

如图 3-2 所示,带状线由基板材料(介质)、基板材料两侧的地平面以及基板中路的薄导带组成。在实际加工制作带状线时,通常先在厚度为 $h/2$ 的带地基板上印制薄导带,然后放置另一个相同厚度的带地基板压合而成。带状线通常的工作模式是 TEM 模,当介质基板厚度大于四分之一波长时会激发高阶的 TM 模和 TE 模,这些模式在实际应用中应尽量避免。

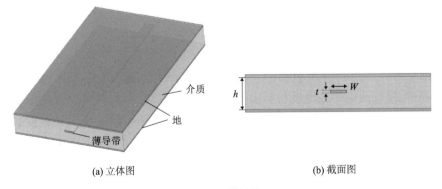

(a) 立体图　　　　　　　　　　　(b) 截面图

**图 3-2　带状线**

在实际工程应用中,带状线的特性阻抗可由下式进行计算[113,114]:

$$Z_0 = \frac{30\pi}{\sqrt{\varepsilon_r}} \frac{h}{W_e + 0.441h} \tag{3-5}$$

式中,$W_e$ 是中心导体的有效宽度,由下式确定:

$$\frac{W_e}{h} = \frac{W}{h} - \begin{cases} 0, & \frac{W}{h} \geq 0.35 \\ \left(0.35 - \frac{W}{h}\right)^2, & \frac{W}{h} < 0.35 \end{cases} \tag{3-6}$$

因为带状线是 TEM 型的传输线,所以其来源于电介质的衰减,与其他 TEM 传输线的形式相同,由此引起的损耗由下式计算:

$$\alpha_d = \frac{k\tan\delta}{2} \ (\text{Np/m}) \tag{3-7}$$

式中,$\tan\delta$ 为电介质的损耗角正切,来源于导体损耗的衰减,可以用微扰法或惠勒增量电感法求得,其近似结果为

$$\alpha_c = \begin{cases} \dfrac{2.7 \times 10^{-3} R_s \varepsilon_r Z_0}{30\pi(h-t)} A, & \sqrt{\varepsilon_r} Z_0 < 120 \\ \dfrac{0.16 R_s}{Z_0 h} B, & \sqrt{\varepsilon_r} Z_0 \geq 120 \end{cases} \ (\text{Np/m}) \tag{3-8}$$

式中,$A$ 和 $B$ 分别由下式计算:

$$A = 1 + \frac{2W}{h-t} + \frac{1}{\pi} \frac{h+t}{h-t} \ln \frac{2h-t}{t} \tag{3-9}$$

$$B = 1 + \frac{h}{0.5W + 0.7t} \left( 0.5 + \frac{0.414t}{W} + \frac{1}{2\pi} \ln \frac{4\pi W}{t} \right) \tag{3-10}$$

式中,$t$ 为导带的厚度。

### 3.2.1.3 共面波导

广义上,共面波导(CPW)可以分为不带地共面波导、带地共面波导以及双地共面波导,本节主要分析不带地共面波导。如图 3-3 所示,共面波导主要由导带、导带两侧的接地板和基板材料(介质)组成。因为两接地板和导带都位于基板材料的同一侧,故称为共面波导。共面波导比微带线具有更好的屏蔽性能,比带状线具有更小的体积,因此在高集成度的毫米波封装集成系统中有着广泛的应用。

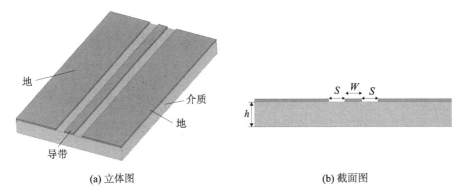

(a) 立体图               (b) 截面图

图 3-3 　共面波导

共面波导根据导带与两侧接地板之间的电场是同向还是反向,可以分为奇模式和偶模式两种准 TEM 模式。如图 3-4(a)所示,接地板与导带之间的电场分布是反向对称的,称为偶模式;如图 3-4(b)所示,接地板与导带之间的电场分布是同向的,称为奇模式。与奇模式相比,偶模式的传输损耗较小且色散程度较低,故共面波导通常工作在偶模式下。

(a) 偶模式               (b) 奇模式

图 3-4 　共面波导传输模式

共面波导传输准 TEM 波时,可以用准静态法来分析,其特征阻抗和有效介电常数计算公式如下[115]:

$$Z_0 = \frac{60\pi}{\sqrt{\varepsilon_{re}}} \cdot \frac{1}{\dfrac{K(k_1)}{K(k_1')} + \dfrac{K(k_2')}{K(k_2)}} \tag{3-11}$$

$$\varepsilon_{re} = \frac{1 + \varepsilon_r \dfrac{K(k_1')}{K(k_1)} \cdot \dfrac{K(k_2)}{K(k_2')}}{1 + \dfrac{K(k_1')}{K(k_1)} \cdot \dfrac{K(k_2)}{K(k_2')}} \tag{3-12}$$

式中,$K(k)$ 和 $K(k')$ 是第一类完全椭圆积分,分别与参数 $k$、$k'$ 有关,$k_1 = \dfrac{W}{W+2S}$,$k_2 = \dfrac{\tanh(\pi W/4h)}{\tanh[\pi(W+2S)/4h]}$,$k_1' = \sqrt{1-k_1^2}$,$k_2' = \sqrt{1-k_2^2}$。

随着电磁仿真技术的不断发展,现如今在具体的设计过程中可以借助一些电磁仿真软件进行相关参数的计算和优化,以提高设计效率。

### 3.2.2 类同轴理论

如图 3-5 所示,在封装集成天线系统中,实现不同层传输线的垂直互连传输主要有两种方式。第一种传输方式基于电磁耦合理论设计工作于谐振模式的耦合结构,依靠辐射与耦合实现射频信号的垂直传输。此种方式需要使垂直传输结构工作在谐振状态,因此工作带宽往往较窄。此外,此种结构的传输损耗往往与耦合面积成反比,即为了实现低损耗垂直传输,需增加耦合面积,从而增加了结构的物理尺寸[116]。

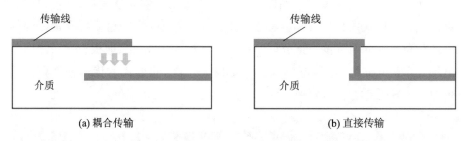

(a) 耦合传输      (b) 直接传输

**图 3-5　传输线垂直互连传输的两种方式**

第二种传输方式基于类同轴传输理论,通过金属化垂直过孔、BGA 焊球、硅通孔等方式,构造类同轴结构,如图 3-6 所示,这种结构由位于中心的信号通孔和围绕信号通孔圆周上的接地通孔组成。

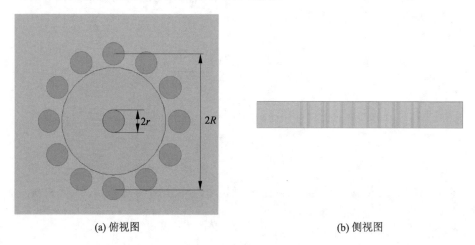

(a) 俯视图      (b) 侧视图

**图 3-6　类同轴结构**

当电流流过中心金属通孔时,产生的电磁波将在垂直方向传播,周围的接地通孔可以起到屏蔽的作用。这种方式的特点是使结构体积小、封闭屏蔽性能好,并且工作带宽较宽。但基于此种结构设计垂直互连结构时,必须考虑此结构的特性阻抗,将互连结构的传输损耗降至最低。

类同轴结构模拟同轴线结构实现射频信号在封装集成系统中的垂直方向传输,其传输模式也与同轴线结构的传输模式(TEM 模)类似。因此,类同轴结构的特性阻抗也可以由同轴线的特性阻抗计算公式近似得到:

$$Z_0 = \frac{60}{\sqrt{\varepsilon_r}} \ln \frac{R}{r} \qquad (3\text{-}13)$$

式中,$r$ 为信号通孔的半径;$R$ 为信号通孔周围的接地通孔所构成的圆的半径;$\varepsilon_r$ 为基板的介电常数。从上式可以看出,类同轴结构中内导体半径 $r$ 和金属接地孔围成外导体圈的半径 $R$ 是影响类同轴结构传输性能的关键参数,在电磁仿真软件 HFSS 中建立图 3-6 的类同轴模型,基板选用厚度为 0.254 mm 的罗杰斯 5880 板材。图 3-7 为内外导体半径取不同值时,类同轴结构的传输系数变化情况。

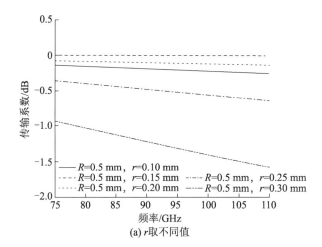

(a) $r$ 取不同值

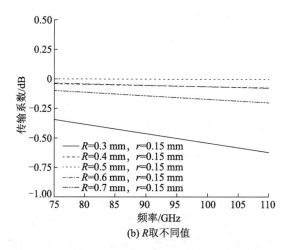

(b) $R$取不同值

**图 3-7　不同内外导体半径的类同轴结构的传输系数**

为了对类同轴结构进行进一步研究，建立如图 3-8 所示的类同轴结构的集总参数模型。

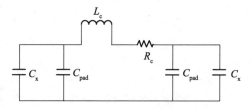

**图 3-8　类同轴结构的集总参数模型**

图中，$R_c$ 为金属通孔的等效电阻，$L_c$ 为金属通孔的等效电感，$C_{pad}$ 为金属通孔对应的焊盘到地的寄生电容，$C_x$ 表示的是金属通孔与接地通孔之间的寄生电容。

$R_c$ 的计算公式如下：

$$R_c = \frac{t}{2\pi r \delta_0 \sigma_{cond}} \tag{3-14}$$

式中，$r$ 表示金属通孔的半径，$t$ 表示金属通孔的高度，$\sigma_{cond}$ 表示金属的电导率，$\delta_0$ 表示金属通孔的趋肤深度。

$L_c$ 的计算公式如下：

$$L_c = \frac{\mu_0 t}{2\pi} \ln\left(\frac{R}{r}\right) \tag{3-15}$$

$C_{pad}$ 和 $C_x$ 的计算公式如下：

$$C_{pad} = \frac{\varepsilon_r \varepsilon_0 A}{h} \tag{3-16}$$

$$C_x = \frac{\pi \varepsilon_r \varepsilon_0 t}{\ln\left(\dfrac{R}{r}\right)} \tag{3-17}$$

式中,$\varepsilon_r$ 为介质的介电常数,$\varepsilon_0$ 为空气的介电常数,$A$ 为焊盘面积,$h$ 为焊盘到地的距离。类同轴结构的集总参数模型在微波毫米波低频段模型参数较准确,但随着工作频率的提高,寄生效应会越来越明显,因此在具体的工程设计中,还需结合现有工艺和电磁仿真软件对传输结构进行优化。

## 3.3 基于 PCB 多层板工艺的垂直互连结构设计

### 3.3.1 PCB 多层板工艺

随着电子技术的快速发展,PCB 工艺从最初的单面板技术发展到双面板技术,再到目前广泛应用的多层板技术,其集成密度和工作频率不断提高。PCB 多层板工艺首先将电路图印制在每一层介质基板上,然后基板与基板之间通过黏合层压合成三维结构,最后使用各种金属化过孔完成不同金属层之间的信号传输。这种金属化过孔就是一种垂直互连结构,完成电源层、信号层以及地层在垂直方向上的传输[117]。在 PCB 多层板工艺中,金属化过孔可以分为金属柱、焊盘以及隔离焊盘三部分。金属柱是连接不同层电路的垂直通路;焊盘是金属柱与表面电路连接处的过渡,考虑到加工误差,一般要求焊盘直径大于金属柱的直径;隔离焊盘则是为了控制焊盘与其他信号走线的间距而设置的一块隔离区域。

如图 3-9 所示,PCB 多层板中的金属化过孔可以分为通孔、盲孔、埋孔这三种类型。可以看出,通孔是贯通整个 PCB 多层板的金属化过孔,主要用于多层板顶层和底层的电气连接。通孔的加工成本最低,加工也相对容易;盲孔是贯穿多层板表层至多层板中间层的金属化过孔,主要用于多层板的表层和中间层的电路互连;埋孔则是位于多层板内层之间的金属化过孔,用于连接多层板内部电路。综合来看,后两种金属化过孔的加工工艺较复杂,难以做到精确加工且加工成本相对较高。因此,在做 W 波段电路的 PCB 设计时,应尽量避免使用盲孔和埋孔,尽量使用加工精度更高及成本更低的通孔。

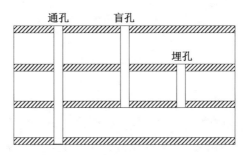

图 3-9　PCB 多层板中的金属化过孔

　　对于基于 PCB 工艺的垂直互连结构而言,金属柱、焊盘以及隔离焊盘的半径都是影响垂直互连结构的关键参数。在 W 波段,金属化过孔的传输性能受寄生参数的影响较大,寄生电感量主要取决于金属柱的长度,寄生电容量则由金属柱和焊盘的半径等因素决定。在具体的工程应用中,基板的厚度即金属柱的高度往往是确定的,故只能在满足工艺要求的前提下,通过优化过孔金属柱、焊盘以及反焊盘的半径大小来调节垂直互连结构的特性阻抗,使之与所连接的传输线特性阻抗相匹配,从而实现低损耗传输。此外,从成本角度考虑,越小的设计尺寸越需要较高的加工精度和较高的加工成本,因此在具体设计中,选取合适的过孔尺寸是非常重要的。目前,W 波段天线对加工精度的要求已经到达 PCB 工艺的加工极限,因此要在 PCB 工艺上实现高性能的 W 波段垂直互连结构电路,在设计时应遵循"结构简单且易加工"的原则。

### 3.3.2　GCPW 转 GCPWG 垂直互连结构的设计与仿真

　　本节基于 PCB 多层板工艺设计的垂直互连结构所采用的介质板材为TACONIC 公司的 TLY-5 基板,其基板厚度为 0.127 mm,介电常数为 2.2;半固化片选用 FR-27,其厚度为 0.1 mm。所设计的可工作在 W 波段的 GCPW转 GCPWG 垂直互连结构如图 3-10 所示,为了降低加工难度和成本,此垂直互连结构中的金属化过孔均设计为通孔,再通过优化信号过孔、焊盘以及隔离焊盘的直径,使通孔与传输线达到良好匹配,从而实现低损耗的传输特性。优化后的垂直互连结构参数列于表 3-1。

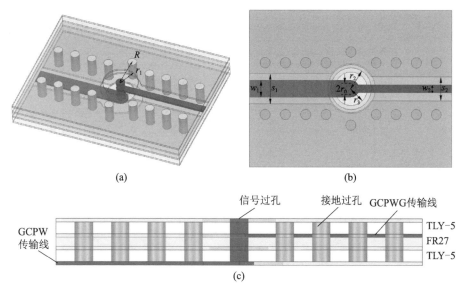

图 3-10　GCPW 转 GCPWG 垂直互连结构

表 3-1　优化后的垂直互连结构参数　　单位:mm

| 结构参数 | $R$ | $r_0$ | $r_1$ | $r_2$ | $r_3$ | $w_1$ | $s_1$ | $w_2$ | $s_2$ |
|---|---|---|---|---|---|---|---|---|---|
| 参数值 | 0.7 | 0.1 | 0.45 | 0.42 | 0.34 | 0.32 | 0.58 | 0.15 | 0.46 |

图 3-11 为该垂直互连结构的 $S$ 参数仿真结果,可以看出,在 85 GHz～105 GHz 频带范围内,两端口的反射系数均低于-15 dB,在中心频点 94 GHz 处的传输系数约为-0.42 dB。从仿真结果来看,该垂直互连结构在 94 GHz 频率处具有较好的传输性能。

为了进一步验证该结构性能,将两个同样的 GCPW 转 GCPWG 垂直互连结构对接组成"背靠背"结构,如图 3-12 所示,射频信号通过 GCPW 传输线经类同轴结构传输至 GCPWG 传输线,再经类同轴结构传输至 GCPW 传输线。图 3-13 为此结构的 $S$ 参数仿真结果,可以看出,在85 GHz～105 GHz 频带范围内,两端口的反射系数均低于-15 dB,在中心频点 94 GHz 处的传输系数约为-0.73 dB。从综合仿真结果来看,此垂直互连结构性能良好,可以应用于 W 波段天线集成系统中。

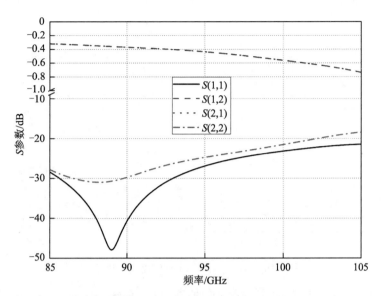

**图 3-11　基于 PCB 多层板的垂直互连结构的 S 参数仿真结果**

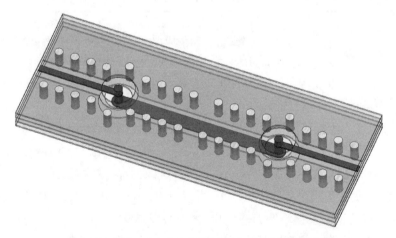

**图 3-12　基于 PCB 多层板的垂直互连"背靠背"结构**

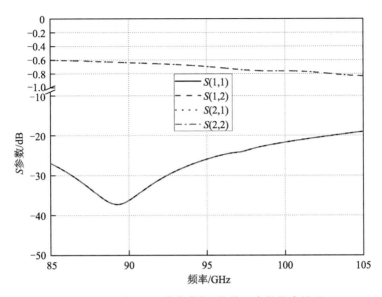

**图 3-13 垂直互连"背靠背"结构的 $S$ 参数仿真结果**

## 3.4 基于 TSV 的垂直互连结构设计

### 3.4.1 基于 TSV 的硅基三维集成工艺

为了满足电子封装集成系统的高密度、多功能、高性能、小体积以及低成本集成的需求,硅基三维集成工艺作为下一代集成电路的使能技术,成为封装集成技术领域的研究热点[118]。硅基三维集成工艺源于微机械加工工艺,主要以硅材料作为加工材料,它继承了微机械加工工艺可以将多种电路同时集成在同一块芯片上的特点[119],并且不断扩展其圆片三维堆叠的能力,以硅通孔(through-silicon via,TSV)技术、超薄片制作技术、三维堆叠技术、层间对准技术等为核心,为系统的封装集成提供了具有竞争力的解决方案[120,121]。硅基三维集成工艺除了具有加工精度高的特点之外,还具备加工形式灵活,可实现较复杂的立体结构的特点。同时,因其具有异质异构集成的能力,在系统性能实现方面提供了更大的设计空间,在成本上也可以做到更为灵活的调整。随着工艺技术的不断成熟,硅基三维集成工艺在微波通信系统集成领域的发展前景愈发广阔,在天线设计领域也具有很大的潜力。

TSV 技术是硅基三维集成工艺中实现多层硅基板之间信号传输的核心技

术。利用 TSV 技术制作集成电路首先需要在硅晶片上刻蚀出通孔和图形,然后通过层间激光对准技术将硅晶片叠放在一起,最后将导电材料经由通孔注入晶片中形成电路图案以及金属化垂直过孔。随着硅基三维集成工艺的发展,基于 TSV 技术的垂直互连通孔在毫米波频段表现出了优异的传输性能[122]。

本节所设计的基于 TSV 的垂直互连结构采用的三维集成工艺是由国内某电子研究所提供,硅基板的工艺结构如图 3-14 所示,转接板表层共有 3 层金属层(M1、M2、M3)和 3 层介质层(D1、D2、D3),底层有 1 层金属层(M4)和 2 层介质层(D4、D5)。硅基板的顶层和底层的电气连接通过 TSV 实现,多层硅基板的堆叠通过在硅基板的 M4 层设置微凸点(Bump)实现。硅基板各金属层和介质层的厚度列于表 3-2。

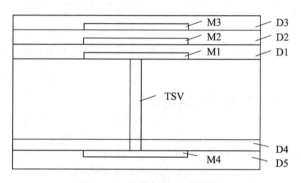

图 3-14　硅基板的工艺结构

表 3-2　硅基板各层厚度参数　　　　　　单位:μm

| 参数 | M1 | D1 | M2 | D2 | M3 | D3 | M4 | D4 | D5 | TSV |
|------|----|----|----|----|----|----|----|----|----|-----|
| 厚度 | 3 | 5 | 3 | 5 | 5 | 8 | 6 | 3.5 | 8 | 200 |

### 3.4.2　GCPW 转带状线传输互连结构设计

硅基板的不同层信号的垂直互连通过 TSV 实现,硅基板的三维堆叠通过在硅基板的特定位置设置 Bump 实现。所设计的共面波导转带状线垂直互连的"背靠背"结构如图 3-15 所示,此垂直互连结构由 2 块硅基板堆叠而成,其中 TSV 通孔直径为 30 μm,Bump 直径为 100 μm,优化后的结构关键参数列于表 3-3。

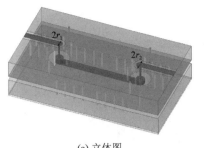
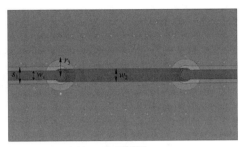

(a) 立体图　　　　　　　　　　　　　(b) 顶视图

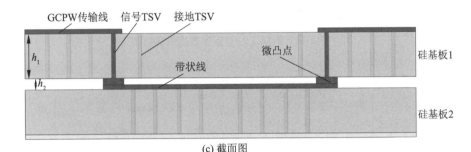

(c) 截面图

**图 3-15　基于 TSV 技术的垂直互连"背靠背"结构**

**表 3-3　优化后的垂直互连结构参数**　　　　单位:mm

| 结构参数 | $r_1$ | $r_2$ | $r_3$ | $w_1$ | $s_1$ | $w_2$ | $h_1$ | $h_2$ |
|---|---|---|---|---|---|---|---|---|
| 参数值 | 0.04 | 0.07 | 0.14 | 0.07 | 0.13 | 0.1 | 0.2 | 0.05 |

### 3.4.3　仿真与测试

所设计的基于 TSV 工艺的垂直互连结构的传输损耗主要包含两部分:GCPW 传输线的损耗和 TSV 损耗。为了分别测量 TSV 损耗和 GCPW 传输线的损耗,设计和加工了 3 种不同长度(2 mm、4 mm 和 6 mm)的互连结构,图 3-16 为其在显微镜下的实物照片。

使用 W 波段在片测试系统中直接对互连结构的 $S$ 参数进行测试,测试和仿真结果的对比如图 3-17 所示,可以看出,三种不同长度的互连结构在 W 波段的反射系数均低于 − 10 dB,在中心频点 94 GHz 处的插入损耗分别为 1.7 dB(2 mm)、2.6 dB(4 mm)和 3.7 dB(6 mm)。因此,可以估算出传输线在 94 GHz 处的插入损耗约为 0.5 dB/mm,TSV 损耗约为 0.35 dB。

图 3-16  所加工的垂直互连结构实物图

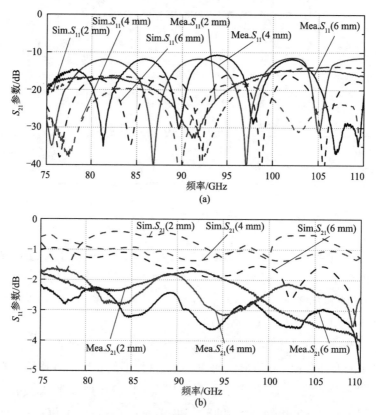

图 3-17  测试和仿真的垂直互连结构 S 参数对比图

## 3.5　本章小结

本章介绍了组成垂直互连结构的几种毫米波波段常用的传输线理论和类同轴理论,包括微带线、带状线以及共面波导的阻抗和损耗计算,类同轴结构的特性阻抗计算和集总参数模型分析。运用上述理论并基于传统的 PCB 多层板工艺和硅基三维集成工艺分别设计了两种不同的垂直互连结构。其中,基于 PCB 多层板工艺的 GCPW 转 GCPWG 垂直互连结构具有结构简单、易加工和成本低的特点。仿真结果表明,该垂直互连结构在 85 GHz ~ 105 GHz 频带范围内,两端口的反射系数均低于-15 dB,在中心频点 94 GHz 处的传输系数约为-0.73 dB。此外,基于 TSV 的 GCPW 转带状线垂直互连结构通过 2 块硅基板堆叠而成。测试结果表明,它在全 W 波段的反射系数均低于-10 dB,平面传输线在 94 GHz 处的插入损耗约为 0.5 dB/mm,垂直过孔 TSV 的损耗约为 0.35 dB。综合来看,所设计的两种不同工艺的垂直互连结构都具有良好的性能,本章研究也为后续基于硅基三维集成工艺和 HDI 的 W 波段 AiP 研究奠定了基础。

# 第4章　基于硅基三维集成工艺的 W 波段 AiP 研究

## 4.1　引言

硅基三维集成工艺具有加工精度高、加工形式灵活、可实现异质异构集成的特点,在毫米波封装集成系统中有着广泛的应用前景。上一章介绍了基于此工艺的垂直互连结构的设计和测试,本章介绍基于此工艺实现的 W 波段封装天线的相关设计和测试。

硅基三维集成工艺使用的衬底材料为低掺杂的高阻硅,其电阻率约为 $10000\ \Omega \cdot cm$,非常适合作为毫米波器件的衬底材料,与毫米波芯片进行集成具有天然优势。然而,硅由于具有高介电常数($\varepsilon_r = 11.9$)和高损耗($\tan \delta = 0.002$),并不是理想的天线基板材料。基于此,本章结合硅基三维集成工艺的可异质异构集成的特点,提出了一种新型的 AiP 封装方案,即在硅基板上堆叠集成低介电常数($\varepsilon_r = 3.78$)和低损耗($\tan \delta = 0.0004$)的石英材料作为天线基板,实现了高性能的 W 波段有源相控阵封装天线。

## 4.2　微带天线设计方法

微带天线具有结构简单、性能优以及易于扩展成阵列的优点,因此在毫米波封装天线中应用较为广泛。如图 4-1 所示,矩形微带天线是由矩形薄导体印制在背面接有接地板的基板(介质)上而成的一种天线。微带天线主要通过探针馈电、缝隙耦合馈电和传输线馈电等馈电方式使金属贴片与地之间激励起电磁场,并通过两者之间的缝隙向法向辐射能量,故微带天线也可以看作是一种缝隙天线。同时,微带天线还可以用微带传输线理论去分析,可以将其看作一段终端开路、长度为 $L$(二分之一等效波长)且线宽为 $W$ 的微带传输线。假设天线中心位于坐标系原点,根据传输线理论,其在 $x = L/2$ 处呈现电压波腹点和电流波节点,类似地,在 $x = -L/2$ 处也出现电压波腹和电流波节。贴片天线的场分布图如图 4-1 所示,沿长为 $L$ 的边的电场方向相反而抵消(图 4-1b),而沿宽为 $W$ 的两边的电场方向相同而叠加(图 4-1c 所示)。

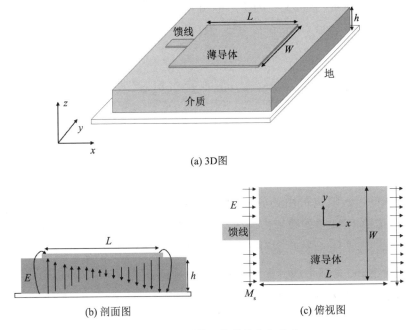

(a) 3D图

(b) 剖面图    (c) 俯视图

**图 4-1    矩形微带天线结构和场分布**

假设介质基片中的电场沿贴片天线宽边 $W$ 和厚度 $h$ 方向上没有变化,则该电场可由下式计算:

$$E_z = E_0 \cos\left(\frac{\pi y}{L}\right) \tag{4-1}$$

天线四周可以等效为磁壁,则沿宽边 $W$ 缝隙上等效的面磁流密度为

$$M_s = -2e_n \times E \tag{4-2}$$

式中,$E$ 为边缘电场矢量,$e_n$ 是法线方向单位矢量,则微带天线的远场可由下式计算[123]:

$$E_\theta = E_0 \cos\phi f(\theta,\phi) \tag{4-3}$$

$$E_\phi = -E_0 \cos\theta \sin\phi f(\theta,\phi) \tag{4-4}$$

式中,$f(\theta,\phi)$ 的计算公式为

$$f(\theta,\phi) = \frac{\sin\left(\frac{\beta\omega}{2}\sin\theta\sin\phi\right)}{\frac{\beta\omega}{2}\sin\theta\sin\phi}\cos\left(\frac{\beta L}{2}\sin\theta\cos\phi\right) \tag{4-5}$$

式中，$\beta$ 为自由空间中的相位常数；$\omega$ 为角频率；$\theta$ 为极位角；$\phi$ 为方位角。

如图 4-1 所示，微带天线的缝隙电场为 $x$ 轴方向，故该天线是沿着 $xz$ 平面的线极化天线。由式(4-5)可以分别计算出此微带天线的 $E$ 面和 $H$ 面的辐射方向图：

$$F_E(\theta) = \cos\left(\frac{\beta L}{2}\sin\theta\right) \tag{4-6}$$

$$F_H(\theta) = \cos\theta \cdot \frac{\sin\left(\dfrac{\beta\omega}{2}\sin\theta\right)}{\dfrac{\beta\omega}{2}\sin\theta} \tag{4-7}$$

天线的输入阻抗可由传输线模型得到，此时天线可等效为一段终端开路、可以传输 TEM 波的微带传输线。金属贴片与接地板之间激起的高频电磁场沿导体长度 $L$ 方向呈驻波分布，等效电路如图 4-2 所示，其中 $Y_c$ 为微带线的特性导纳，$G_s$ 为微带线开路端的电导，$B_s$ 为微带线开路端的辐射电容，$Y_{in}$ 为矩形贴片天线的输入导纳。

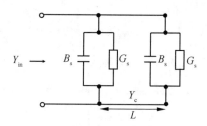

**图 4-2　微带天线的等效电路**

$W$ 宽边的辐射电导可以由下式近似计算[124]：

$$G_s = \frac{1}{90}\frac{\varepsilon_r-1}{\varepsilon_r^2}\left(\frac{W}{L}\right)^2 \tag{4-8}$$

辐射电容是由边缘效应引起的，可以将辐射电容等效为贴片的长度增加了 $\Delta L$，其计算公式如下：

$$\Delta L = 0.412 \times \frac{(\varepsilon_{re}+0.3)\left(\dfrac{W}{h}+0.264\right)}{(\varepsilon_{re}-0.258)\left(\dfrac{W}{h}+0.8\right)} \tag{4-9}$$

当 $W/h>1$，$\varepsilon_{re}$ 为等效贴片天线的等效介电常数，其计算公式如下：

$$\varepsilon_{re} = \frac{\varepsilon_r + 1}{2} + \frac{\varepsilon_r - 1}{2} \times \left(1 + 12\frac{h}{W}\right)^{-\frac{1}{2}} \tag{4-10}$$

矩形贴片天线的输入导纳可由下式计算：

$$Y_{in} = G_s + Y_c \frac{G_s + jY_c \tan[\beta(L + 2\Delta L)]}{Y_c + jG_s \tan[\beta(L + 2\Delta L)]} \tag{4-11}$$

由式(4-11)可以得出，要使微带天线出现谐振，即天线阻抗虚部为零，需满足 $L + 2\Delta L = \lambda_g/2$，其中 $\lambda_g$ 为微带天线的等效波长。在设计矩形微带天线时，天线的初始长度 $L$ 应略小于半波长，计算公式如下：

$$L = \frac{\lambda_0}{2\sqrt{\varepsilon_{re}}} - 2\Delta L \tag{4-12}$$

式中，$\lambda_0$ 为空气波长。矩形微带天线是一种谐振式天线，因此工作带宽往往较窄，当工作频率偏离谐振频率时，天线的输入阻抗会急剧变化从而导致失配。矩形微带天线的带宽经验公式如下[124]：

$$B = 3.77 \frac{\varepsilon_r - 1}{\varepsilon_r^2} \frac{W}{L} \frac{h}{\lambda_0} \tag{4-13}$$

其中，$B$ 为天线反射系数低于 $-10$ dB 时的相对带宽。由上式可以得出，天线的工作带宽 $B$ 与天线的宽度 $W$ 和介质厚度 $h$ 成正比，与天线长度 $L$ 成反比。值得注意的是，上式仅在介质高度 $h \leqslant 0.15\lambda$ 的情形下才适用。

影响微带天线辐射效率的因素比较多，如介质损耗、导体损耗、表面波以及极化等。通常情况下，选用厚度较薄且介电常数较低的介质基板设计的矩形微带天线，其辐射效率可以达到 80%，甚至 90% 以上，这也是本章基于硅基三维集成工艺在硅基板上堆叠集成低介电常数和低损耗的石英天线的原因。除了与介质基板自身的参数有关，贴片天线的辐射效率还与天线的宽度 $W$ 有关。在介质厚度给定的情况下，使得天线辐射效率达到最大时的宽度 $W$ 的计算公式如下[125]：

$$W = \frac{\lambda_0}{2}\left(\frac{\varepsilon_r + 1}{2}\right)^{-\frac{1}{2}} \tag{4-14}$$

通过本节对微带天线的分析可知，在设计矩形微带天线时，可先由式(4-12)计算出贴片天线的初始长度，然后综合宽带和效率的指标要求来确定天线的宽度，最终通过软件综合优化以实现天线的最佳性能。

## 4.3　新型 AiP 结构

图 4-3 为所提出的基于硅和石英的新型 AiP 封装方案,根据电路功能的不同,基于硅基三维集成工艺的 AiP 封装结构可分为两部分:天线阵列层和有源射频层。天线阵列层由两层硅基多功能转接板和一层石英基板堆叠而成,其正面集成了以低介电常数和低损耗的石英材料为基板的 2×4 个辐射单元的天线阵列,内部集成了 3.4 节所提出的共面波导转微带线的垂直互连传输结构和缝隙馈电结构,实现射频信号的空间辐射功能。有源射频层由三层硅基多功能转接板三维堆叠而成,在其中两层硅基多功能转接板内通过刻蚀工艺形成腔体,将 W 波段有源芯片埋置在墙体中,芯片通过微凸点(Bump)工艺与第三层硅基板互连,实现 W 波段信号的放大、移相衰减、混频倍频等功能。多个硅基板功能层利用微凸点实现垂直方向的堆叠,微波信号、数字信号和电源信号在垂直方向上的传输采用 TSV 结构实现。在最底层的硅基板背面植 BGA 阵列,采用类同轴结构引出此 W 封装集成系统的中频信号和本振信号的射频接口,两侧的 BGA 球作为数字信号和电源信号的 I/O 接口,其余BGA 球进行接地处理。

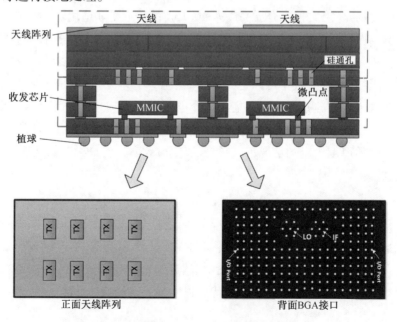

图 4-3　基于硅基三维集成工艺的 AiP 封装模型

## 4.4　无源 AiP 阵列设计

为了验证所提出的 AiP 方案的可行性,首先基于 4.3 节提出的新型 AiP 封装模型设计一款无源阵列对天线的性能进行单独验证,即用功分器网络代替有源射频电路部分。所设计的无源 AiP 阵列如图 4-4 所示,该阵列由 2×4 个辐射单元、GCPW 转 SL 垂直互连传输结构和 GCPW 功分器组成。AiP 的尺寸为 7.8 mm(长度)×7.8 mm(宽度)×0.69 mm(高度)。

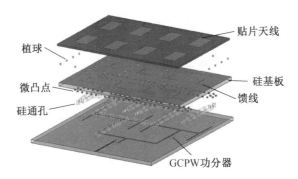

图 4-4　基于硅和石英的无源 AiP 阵列

### 4.4.1　高性能天线单元设计

由于硅材料的介电常数比较高,不利于实现天线的宽带和高效辐射。针对此问题,本节设计了一种新型的高性能天线辐射单元结构,如图 4-5 所示,它使用低介电常数和低损耗的石英材料作为天线基板,然后通过 BGA 焊球与硅基板实现堆叠,BGA 的高度约 70 μm,石英与硅基板之间形成天然的空气间隙,可以降低介质的等效介电常数,从而进一步扩宽天线的阻抗带宽。天线选择缝隙耦合的馈电方式且选择带状线作为馈线形式,采用这样设计的优势是可以用带状线的地将天线与有源射频电路分离,减少相互干扰。此外,由于辐射贴片和馈电网络是物理分离的,因此可以独立地对它们进行性能优化。优化后的天线单元结构参数列于表 4-1,天线单元的 $S$ 参数仿真结果如图 4-6(a)所示,可以看出在 84 GHz～98 GHz 频带范围内,$S$ 参数均低于 −10 dB,天线单元带宽约 15%;天线单元在 94 GHz 处的三维辐射方向图如图 4-6(b)所示,增益最大可达到 7.4823 dBi。

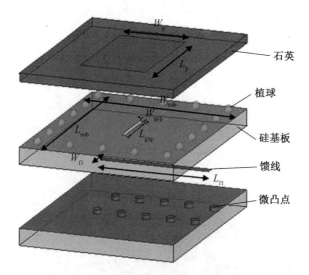

**图4-5 高性能天线辐射单元结构**

**表4-1 优化后的天线单元结构参数**　　　　　　　　　　　　　单位:mm

| 结构参数 | $L_p$ | $W_p$ | $L_{sub}$ | $W_{sub}$ | $L_{gap}$ | $W_{gap}$ | $L_{fl}$ | $W_{fl}$ |
|---|---|---|---|---|---|---|---|---|
| 参数值 | 0.8 | 1.1 | 1.9 | 1.9 | 0.6 | 0.05 | 1.2 | 0.1 |

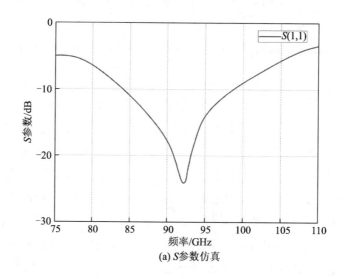

(a) $S$参数仿真

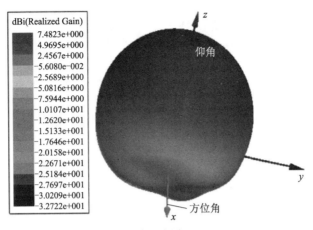

(b) 三维辐射方向图(94 GHz)

**图 4-6 天线单元的仿真结果**

## 4.4.2 GCPW 功分器设计

为了给 2×4 个天线单元进行等幅同相馈电,需要设计一个一分八的 GCPW 功分器。所设计的功率分配器由 7 个传统的一分二 T 型功分器组成。 T 型功分器共有 1 个输入端口和 2 个输出端口,3 个端口的阻抗均设计为 50 Ω,为了使输入、输出端口实现匹配,T 型功分器输入、输出端口之间须加一段阻抗变换段。T 型功分器由于结构简单且易于实现,因而在天线阵列中,常用作馈电网络。GCPW 功分器结构如图 4-7 所示,仿真结果如图 4-8 所示。可以看出,在 W 全频段输入端口的反射系数均小于 −15 dB,在中心频段 94 GHz 处输入口至各个输出口的传输系数为 −9.2 dB,较接近理论值;端口 2、端口 3、端口 6 和端口 7 输出的相位一致,端口 4、端口 5、端口 8 和端口 9 输出的相位一致,且端口 2 和端口 4 相位相差 180°,采用这样的设计是因为端口 2 和端口 4 所激励的天线单元的极化是相反的。通过功分器输出相位补偿后,所有贴片单元的激励相位是同相的。

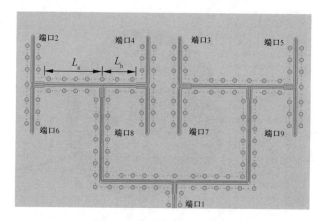

图 4-7 GCPW 功分器结构

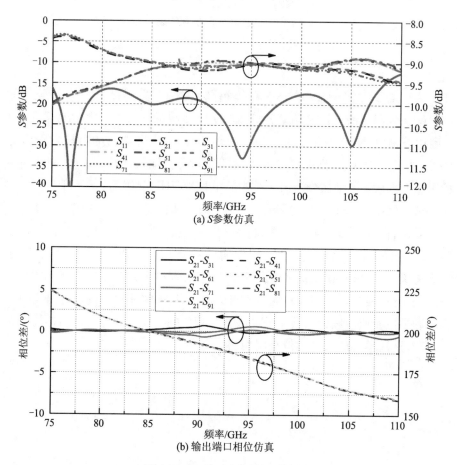

(a) S参数仿真

(b) 输出端口相位仿真

图 4-8 GCPW 功分器仿真结果

### 4.4.3　天线测试

此 AiP 阵列加工后的实物图如图 4-9(a)所示,阵列的尺寸为 7.8 mm×
7.8 mm,但有效孔径为 5 mm×7.8 mm。利用矢量网络分析仪(Agilent
N5227b)及其 W 波段扩频模块(FEV-10)在片上测量阵列的 $S$ 参数。测试和
仿真结果对比如图 4-10 所示。可以看出,在 90 GHz ~ 105 GHz 范围内,测试
的 $S$ 参数与仿真结果吻合得较好。然而在 85 GHz ~ 90 GHz 范围,仿真和测试
存在偏差,可能的原因是制造和装配误差引起的,特别是石英与硅之间的距
离 $d$ 会影响阵列的谐振频率并引起频率偏移。为了验证 $d$ 对天线 $S$ 参数的影
响,对 $d$ 变量进行扫参,从图 4-10 中可以看出,当 $d$ 为 80 μm 时,仿真和测试
吻合非常好。从测试结果来看,在 83 GHz ~ 97 GHz 频带范围内,天线的发射
系数均小于−10 dB,天线带宽约 15%。

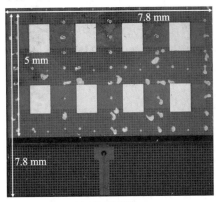

(a) AiP加工图

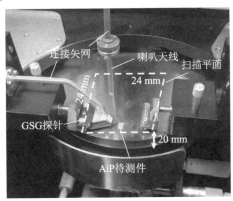

(b) AiP测试图

**图 4-9　AiP 阵列加工实物图和现场测试图**

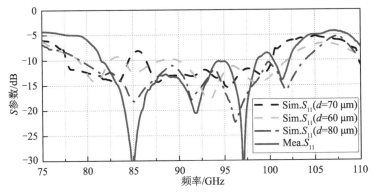

**图 4-10　AiP 阵列仿真和测试的 $S$ 参数**

针对片上天线,本研究设计了一种 W 波段片上天线的方向图测试方法。如图 4-9(b)所示,通过 GSG 探针给 AiP 阵列激励,用标准的 WR10 开口波导作为接收天线接收 AiP 辐射的近场信号。将喇叭天线在待测天线正上方 20 mm 处进行二维平面扫描并采集数据,扫描面积为 24 mm×24 mm,采样点间隔为 1.5 mm(小于半倍波长),一共采集了 289 个近场采样点的幅度和相位。然后将这些数据代入 Stratton-Chu 近远场变换公式[126]:

$$E(r) = \iint \{ j\omega\mu [\, n \times H(r') \,] G_0(r, r') - [\, n \times E(r') \,] \times \nabla' G_0(r, r') - $$
$$[\, n \cdot E(r') \,] \nabla' G_0(r, r') \} \, \mathrm{d}s' \tag{4-15}$$

式中,$E(r)$ 为远场区电场;$s'$ 为近场积分曲面;$\omega$ 为角频率;$\mu$ 为磁导率;$n$ 为近场电场法向方向;$E(r')$ 为近场区电场;$H(r')$ 为近场区磁场;$G_0(r, r')$ 为自由空间格林函数。

通过测试近场数据,反演出远场区方向图,并与仿真结果进行对比,如图 4-11 所示,可以看出仿真和测试的辐射方向图有一定的差异,这些差异可能是由于 GSG 探针引起的。尽管如此,波束形状和仿真结果基本吻合。

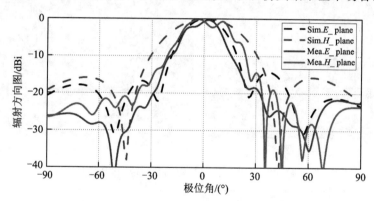

**图 4-11　AiP 仿真和测试的辐射方向图(94 GHz)**

图 4-12 为 AiP 仿真和测试的增益曲线,在中心频点 94 GHz 处测得的增益比仿真结果低了将近 6 dB,这是由功分器网络的传输线损耗引起的,根据 3.4 节测得的结果,传输线损耗约为 0.5 dB/mm,而功分器网络长度约为 10 mm,再加上 TSV 的损耗约为 0.35 dB,因此这 6 dB 的差异在合理范围内。另外,在基于此方案的有源 AiP 阵列中,由于传输结构直接连接的是有源射频通道,即没有功分器网络后馈线传输损耗将大大降低。

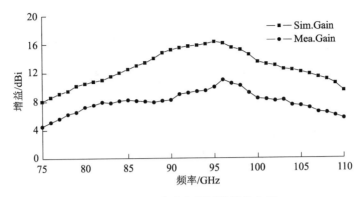

图 4-12　AiP 仿真和测试的增益曲线

## 4.5　有源 AiP 阵列设计

### 4.5.1　有源 AiP 阵列结构

在完成基于硅基和石英的无源 AiP 方案的可行性验证后,基于此方案设计了一款有源 2×4 个天线单元的 AiP 子系统。有源 AiP 系统中的天线阵列的尺寸、布局和结构与 4.4 节中的无源天线阵列一致,不同的是,它将有源射频通道替代无源阵列中的 GCPW 功分网络,组成有源相控子系统。2×4 通道的有源相控阵子系统的布局图如图 4-13 所示,子系统分为天线阵列层和有源射频层两个部分。天线阵列层由 2×4 个天线单元组成;有源射频层包含 2 个 W 波段 4 通道多功能发射芯片、1 个功分器芯片和 1 个变频器芯片。该 W 多功能发射芯片基于 InP DHBT 工艺研制,集成了功率放大、移相衰减等功能单元,单通道输出功率 ≥13 dBm,其具体研制工作由项目合作单位完成。

图 4-14 为 W 有源相控阵子系统电路原理框图,中频信号和本振信号分别输入基于 GaAs pHEMT 工艺的多功能混频器芯片,输出 W 信号,然后输出至一分二 W 功分器芯片,功分器芯片再将 W 信号等功率输出至两片多功能发射芯片。W 多功能发射芯片内部通过一分四功分器将 W 信号等功率输出至四路分别集成 5 位衰减器、6 位移相器和功率放大器的射频通道,最终通过移相和功率放大输出。

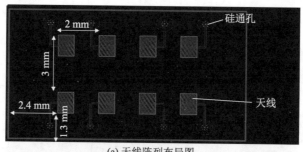

(a) 天线阵列布局图

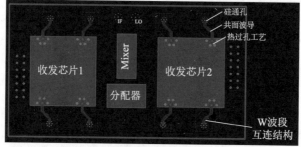

(b) 有源射频布局图

图 4-13　有源相控阵子系统布局图

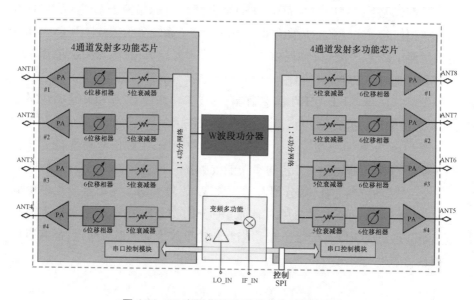

图 4-14　W 有源相控阵子系统电路原理框图

以此子阵系统为基本单元,将其扩展为更大规模的阵列系统,如图 4-15 所示,子阵系统通过 BGA 阵列与 PCB 多层板实现本振、中频、电源及控制等信号的互连。本振和中频信号从焊接在 PCB 上的同轴接头分别输入至本振和中频功分网络,然后等功率馈入各个子阵系统中。

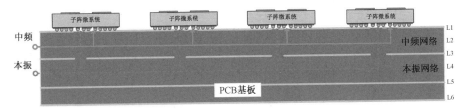

图 4-15　子阵系统扩展图

图 4-16(a)为加工后的 W 波段有源相控阵子系统实物图,正面为 2×4 天线阵列,背面为 BGA 低频接口,尺寸为(11.4×6.5×1.7) mm³,质量仅为 0.35 g。以该子系统为基本单元,利用阵列扩展技术将 8 个子阵系统拼接成 8×8 的 W 波段有源相控阵阵列,其实物样机如图 4-16(b)所示。样机外形为一个长方形金属壳体,壳体正面开窗露出 PCB 基板用于安装 W 波段有源相控阵天线,8 个子阵微系统通过表贴的方式安装在 PCB 基板上,W 波段信号的放大、衰减、移相和混频等功能集成在子阵微系统中,电源、调制和控制等电路功能集成在 PCB 基板上,样机本振与中频通过 SMA 接头输出,电源及控制信号通过多芯接插件输出,整体尺寸为(80×70×7.4) mm³。该 W 波段有源相控阵前端具有集成度高、尺寸小的优点,在有限的空间内实现了 W 波段有源相控阵前端的所有功能,整个相控阵阵列的剖面厚度仅为 7.4 mm。

(a) 子系统实物图　　　　　　　(b) 8×8 有源相控阵实物图

图 4-16　W 波段有源相控阵集成系统

### 4.5.2 有源 AiP 阵列测试

对 W 波段 8×8 有源相控阵系统的测试,主要分为近场通道校准测试和远场方向图测试。由于有源射频通道有差异,每个通道的初始相位并不一致,因此需对所有通道进行相位校准,使其初始相位保持一致。本研究采用近场测试的方法,对各个通道的移相性能进行了测试,接着分析了通道的相位误差对阵列波束指向的影响,最后搭建远场测试系统,通过控制各个通道的输出相位,对阵列的波束扫描方向图进行测试。

#### 4.5.2.1 近场通道校准测试

由于混频模块集成在 W 相控阵封装系统中,故无法直接对 W 信号进行相位校准。为了解决这一问题,本研究设计了"中频法"对 W 相控阵封装系统进行相位校准,"中频法"近场测试框图如图 4-17 所示,矢量网络分析仪的端口 2 和信号源分别给 AiP 输入中频和本振信号,W 喇叭天线接收射频信号后,经过混频器,使中频信号输入矢量网络分析仪的端口 1,再通过矢量网络分析仪读取 $S_{12}$ 的幅度和相位。近场测试过程中,W 喇叭天线离 AiP 距离比较近,为了减少它对 AiP 的影响,选用的 W 喇叭天线为标准的 WR10 开口波导。最后将 W 喇叭天线依次对准 AiP 子阵的各个通道,测量各个通道的移相性能,其现场测试图如图 4-18 所示。

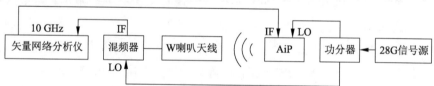

**图 4-17　W 波段有源相控阵系统近场测试框图**

**图 4-18　AiP 近场通道校准测试照片**

该 W 相控阵系统中的移相器位数为 6 位,即共有 0~63 种相位状态,理论移相精度为 5.625°。为了对此相控阵系统的波束扫描性能进行初步评估,对子阵系统的 2×4 个通道的移相性能分别进行测试,每个通道的相位测试结果如图 4-19 所示。

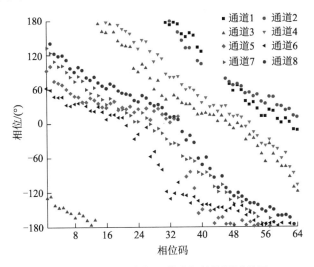

**图 4-19　子阵系统各通道移相性能测试结果**

从测试结果来看,所设计的 W 有源相控阵 2×4 子阵系统中的 8 个通道均具备良好的移相性能,个别通道如通道 6 移相的线性度不如其他通道。在实际工程应用中,对于 W 相控阵系统而言,各个通道的移相精度很难达到理论值,因此,很有必要开展相位误差对相控阵波束指向影响的研究。

### 4.5.2.2　相位误差对相控阵波束指向的影响

在相控阵天线的实际应用中,相控阵天线的相位误差主要有相位量化误差和随机相位误差两种。相位量化误差的产生是由于相控阵系统中采用的可控数字移相器不能够连续移相而造成的[127]。如本章的 W 波段收发芯片中的数字移相器的位数为 6 位,每个天线单元的馈电相位只能取 $2\pi/2^6$ 的整数倍,因此可实现的相位值并不是连续变化的。这样,移相器的相位值只能取比较接近所需相位值的标称值,这样产生的相位误差就是移相器的相位量化误差。随机相位误差是由于在实际应用中,移相器本身的移相特性不理想,受馈电网络误差、加工误差等因素引起的随机相位。这两种相位误差均会对相控阵天线的波束指向造成影响。鉴于此,本节以一维线阵为计算模型,分析了相位误差对波束指向的影响,为 W 波段相控阵天线的工程实践提供一些参考。

如图 4-20 所示，通过 Matlab 软件计算了 1×4 线阵，在移相器位数分别为 4 位和 6 位的情形下，扫描角度从−60°至+60°时由于相位量化误差引起的波束指向误差。从图中可以看出，对于 1×4 线阵，移相器位数提高 2 位后，波束指向最大误差由 2°减小至 0.5°。

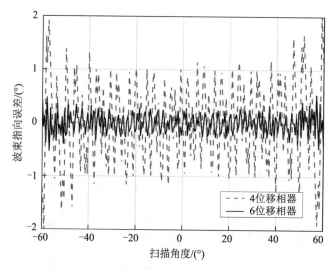

**图 4-20　1×4 线阵中相位量化误差引起的波束指向误差**

图 4-21 为 1×8 线阵，在移相器位数分别为 4 位和 6 位的情形下，扫描角度从−60°至+60°时由于相位量化误差引起的波束指向误差。从图中可以看出，对于 1×8 线阵，移相器位数提高 2 位后，波束指向最大误差由 1°减小至 0.25°。与 1×4 阵列相比，阵列规模扩大后，采用同样位数的移相器，波束指向误差相应减小。

图 4-22 为 1×8 线阵，在移相器位数为 6 位的情形下，在同时考虑相位量化误差和随机相位误差（每个通道叠加−20°~+20°之间的随机相位误差）时，扫描角度从−60°至+60°时的波束指向误差。从图中可以看出，对于 1×8 线阵，移相器位数为 6 位时，叠加随机相位误差后对阵列的波束指向影响不大。

通过本节对相位量化误差和随机相位误差对相控阵阵列天线扫描波束指向的影响分析，可以得出：当相控阵的阵列规模越大时，相位误差对波束指向的影响会减小；当采用的移相器位数增加时，相位误差对波束指向的影响会减小。

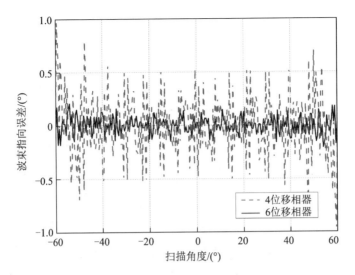

**图 4-21　1×8 线阵中相位量化误差引起的波束指向误差**

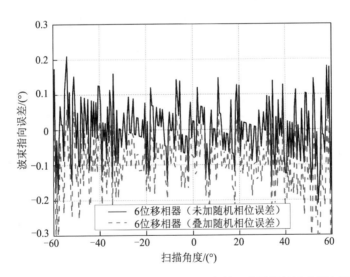

**图 4-22　1×8 线阵中相位量化误差叠加随机相位误差引起的波束指向误差**

### 4.5.2.3　远场方向图测试

图 4-23 为 W 波段有源相控阵封装天线在微波暗室中的测试现场图,通过对 W 波段相控阵阵列配置不同波束指向的相位,分别测得它在 92 GHz、94 GHz 及 96 GHz 频段处的 E 面和 H 面波束扫描方向图,测试结果和仿真结果的对比如图 4-24。从图中可以看出,此相控阵天线可以实现 E 面 ±40° 扫

描、$H$ 面 $\pm20°$ 扫描；所测试的波束形状、波束宽度及波束指向基本和仿真结果一致，但测试的方向图副瓣电平要高于仿真值，这是由于阵列各通道输出幅度不一致所引起的。

图 4-23　W 波段有源相控阵封装天线方向图测试

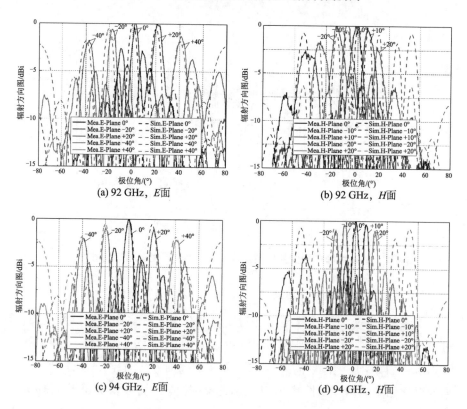

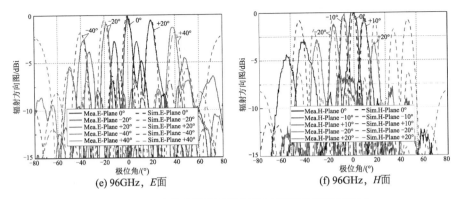

(e) 96GHz，*E*面　　　　　　(f) 96GHz，*H*面

**图 4-24　W 波段有源相控阵封装天线波束扫描方向图**

## 4.6　本章小结

　　本章主要研究了基于硅基三维集成工艺的 W 波段有源相控阵封装天线。首先介绍了微带天线的基本理论和设计方法，然后基于硅基三维集成工艺提出了一种新型 AiP 封装方案。该 AiP 方案的优势主要有以下两点：在硅基板上集成了低介电常数和低损耗的石英天线，从而可实现高性能的辐射天线；在两层硅基板上刻蚀了空腔用来放置 W 功能发射芯片、W 功分器芯片和 W 混频器芯片，并在空腔周围通过 TSV 形成了屏蔽墙。这样的设计一方面可以降低其他信号的干扰，另一方面也减小了整个系统剖面的尺寸，提高了集成密度。另外，基于所提出的新型 AiP 方案，设计了一款 W 波段 2×4 无源阵列和一款 W 波段 8×8 有源相控阵封装集成系统。测试结果表明，基于新型 AiP 方案设计的 2×4 无源阵列和 8×8 有源相控阵封装系统皆具有良好的性能，为 W 波段 AiP 的设计提供了有价值的参考。

# 第 5 章　基于 HDI 的 W 波段 AiP 研究

## 5.1　引言

随着 5G 通信、毫米波汽车雷达等毫米波产品在消费领域的兴起，厂商和研究机构开始致力于研究低成本的毫米波集成技术。高密度互连（high density interconnector，HDI）封装工艺也应运而生，换言之，HDI 封装工艺是专门为低成本生产 AiP 而开发的。有机材料在 HDI 中得到广泛应用，它的种类很多，例如玻璃纤维环氧树脂、液晶聚合物、陶瓷填充聚四氟乙烯等。在 HDI 中，用于垂直互连的过孔的最小直径与介质材料的厚度相关联，与传统的机械钻孔相比，激光钻孔可以实现更小的过孔直径，并且具有更好的电气性能和更好的集成能力。

微带天线具有体积小、重量轻、制作简单、性能优良等特点，非常适合毫米波 AiP 的应用。但微带天线的工作带宽较窄，传统的扩展微带天线带宽的方法，往往难以运用在 W 波段 AiP 阵列中。上一章提出的基于硅基三维集成工艺的 W 波段天线通过异质集成的手段，如集成低介电常数的石英材料来拓展天线单元的带宽。但受限于现阶段 W 波段有源芯片的较大尺寸，天线单元在扩展为阵列时，为了与芯片面积匹配，被迫拉大了阵元间距，从而导致 AiP 副瓣电平增加和可扫描角度减小。鉴于此，本章基于 HDI 提出了通过增加寄生贴片的方法来扩展天线单元的工作带宽，并采用稀布阵的方式优化阵元分布，得到了宽带、大角度波束扫描的 W 波段相控阵 AiP。

## 5.2　新型 AiP 结构

图 5-1 为基于 HDI 的 W 波段 AiP 结构图，W 芯片采用"倒装"的方式通过微凸点（Bump）与 HDI 多层板实现堆叠，HDI 多层板通过 BGA 与 PCB 焊接。中频信号、本振信号以及电源等信号从 PCB 板输入，依次通过 BGA、HDI 多层板的垂直互连结构和 Bump 传输至 W 波段收发芯片组；芯片组实现混

频、放大和移相等功能,再通过垂直互连结构将 W 信号馈入天线单元,从而实现 W 波段信号的辐射。本章使用的 HDI 多层板的有机介质材料的介电常数为 3.13,金属板层数为 10 层,各层介质厚度、各层金属厚度以及该工艺可实现的通孔直径等参数列于表 5-1。

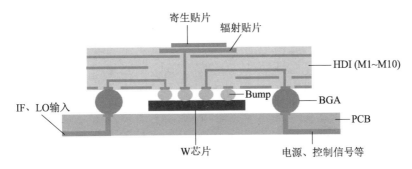

**图 5-1　基于 HDI 的 W 波段 AiP 结构示意图**

**表 5-1　HDI 多层板参数**　　　　　　　　　　单位:μm

| 参数 | M10 | Die9 | M9 | Die8 | M8 | Die7 | M7 | Die6 | M6 | Die5 |
|---|---|---|---|---|---|---|---|---|---|---|
| 厚度 | 20 | 60 | 20 | 100 | 30 | 40 | 20 | 40 | 30 | 60 |
| Pad∕孔直径 | 115 | 80 | 155 | 115 | 110 | 75 | 115 | 75 | 110 | 75 |
| 参数 | M5 | Die4 | M4 | Die3 | M3 | Die2 | M2 | Die1 | M1 | |
| 厚度 | 30 | 40 | 20 | 40 | 30 | 100 | 20 | 60 | 20 | |
| Pad∕孔直径 | 110 | 75 | 110 | 75 | 110 | 115 | 155 | 80 | 115 | |

## 5.3　W 波段有源相控阵 AiP 设计

### 5.3.1　W 波段天线单元设计

在设计 AiP 阵列前,需对天线单元进行优化设计。基于 HDI 的 W 波段高性能天线单元结构如图 5-2 所示,辐射贴片和寄生贴片设计在 M9 和 M10 层,天线馈电采用同轴馈电,W 波段芯片通过 Bump 馈入射频信号,再经垂直互连传输结构传输至 M7 层,M7 的 W 信号传输线为 GCPWG,M6 和 M8 均为GND,这样设计的优点是将 W 信号与 M1～M7 层的其他信号完全隔离,降低互连干扰;GCPWG 传输线通过金属过孔直接给 M9 层的贴片天线馈电,在

M10 层设计寄生贴片,从而增加天线的工作带宽。通过优化垂直互连结构和贴片天线的参数,从而得到符合设计目标的天线单元。优化后的 W 波段天线单元的关键结构参数列于表 5-2。

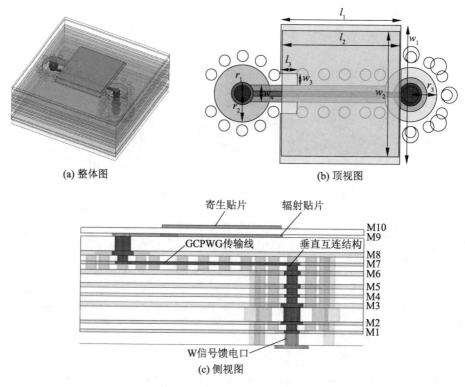

(a) 整体图　　　　　　　　　　　　　　　(b) 顶视图

(c) 侧视图

图 5-2　基于 HDI 的 W 波段天线单元结构图

表 5-2　优化后的 W 波段天线单元结构参数　　　　单位:mm

| 结构参数 | $r_1$ | $r_2$ | $r_3$ | $w_1$ | $w_2$ | $w_3$ | $w_4$ | $l_1$ | $l_2$ | $l_3$ |
|---|---|---|---|---|---|---|---|---|---|---|
| 参数值 | 0.08 | 0.18 | 0.20 | 0.97 | 0.88 | 0.08 | 0.12 | 0.86 | 0.84 | 0.12 |

在有源相控阵周期单元的设计和仿真过程中,需要考虑在不同波束扫描角度下的驻波性能。在电磁仿真软件 HFSS 中设置主从边界条件,从而得到在不同波束扫描情况下的天线单元有源 S 参数,如图 5-3 所示,可以看出,当波束指向为法向时,在 86 GHz～102 GHz 频段范围内,有源 S 参数均低于 −10 dB,天线带宽达 16%;除了 H 面扫描 60°时,S 参数有所恶化之外,其余波束扫描角度下,在 92 GHz～102 GHz 频段范围内,有源 S 参数均低于−10 dB。图 5-4 为 W 波段天线单元在 94 GHz 处的 3D 辐射方向图,可以看出,天线单

元的最高增益达 6.1 dBi。

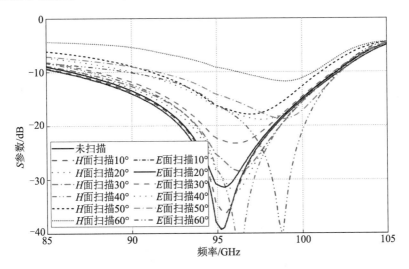

图 5-3　W 波段天线单元有源 S 参数仿真结果

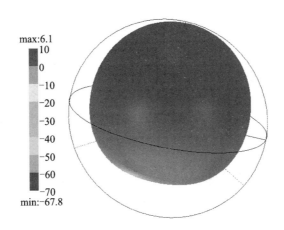

图 5-4　W 波段天线单元的 3D 辐射方向图（94 GHz）

### 5.3.2　W 波段有源相控阵 AiP 的稀布阵优化

本节 W 波段有源相控阵封装系统中采用的 W 波段收发芯片和 W 波段混频芯片皆为国内研制。有源射频电路采用"倒装焊"的形式焊接在 HDI 封装板的背面，其布局如图 5-5（a）所示，可以看出，有源射频电路包括 2 片 8 通道的 W 波段半双工收发芯片和 1 片多功能混频芯片。有源射频前端的电路框图如图 5-5（b）所示，从图中可以看出，多功能混频芯片内部集成了 8 次谐波倍频器、收发双路混频器、射频开关及 W 波段功分器；W 波段半双工收发芯片内部集成了射频开关、W 波段发射链路和 W 波段接收链路，其中发射链路集成了两级功率放大器和 6 位数字移相器，接收链路集成了低噪声放大器、6 位数字移相器和 5 位幅度衰减器。此外，收发芯片内部还集成了电源管理模块、波束控制模块以及电路检测模块等，相关参数列于表 5-3。

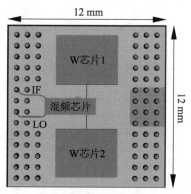

(a) 有源射频电路布局

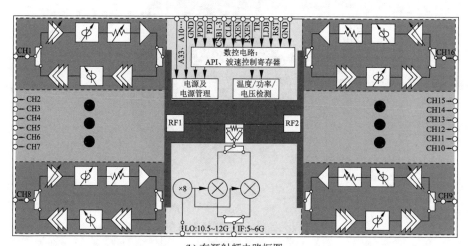

(b) 有源射频电路框图

**图 5-5　W 波段有源相控阵系统布局**

表 5-3　W 波段有源相控阵封装系统的性能参数

| 参数 | 工作频率 | 通道数 | 本振输入 | 中频 | 镜像抑制 | 接收增益 | 接收噪声 | 发射增益 |
|------|---------|--------|---------|------|---------|---------|---------|---------|
| 值 | 90~96 | 16 | 10~12 | 5~6 | 40 | 25~55 | 10.5 | 30 |
| 单位 | GHz | 个 | GHz | GHz | dB | dBi | dB | dBi |
| 参数 | 幅度衰减范围 | 幅度衰减精度 | 移相范围 | 移相精度 | 单通道发射输出 | 单通道接收功耗 | 单通道发射功耗 | 外形尺寸 |
| 值 | 0~15.5 | 0.5 | 0~360 | 5.625 | 10 | 100 | 250 | 12×12 |
| 单位 | dB | dB | (°) | (°) | dBm | mW | mW | mm² |

从图 5-5(a)可以看出,该 AiP 的有源射频电路的总面积为( 12×12 ) mm²,考虑到相控阵系统阵列的可扩展性,设计在 HDI 封装板正面的天线阵列面积需与有源射频电路占用面积相匹配,若采用传统的满阵布局方案,天线单元的间距被迫拉大,如图 5-6(a)所示,阵元间距为 2 mm,当此子阵扩展为 8×8 阵列时,相邻子阵的边缘阵元间距为 6 mm。根据阵列天线理论,这将导致阵列方向图出现较高的副瓣以及波束扫描时会出现栅瓣。图 5-6(b)为基于此方案进行扩展拼接的 8×8 阵列的 E 面仿真辐射方向图,从图中可以看出,采用此满阵布局方案,E 面方向图的副瓣电平仅为-7 dB 左右,E 面波束指向 40°时,已经开始出现栅瓣。

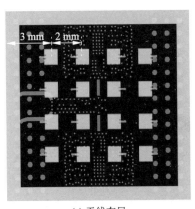

(a) 天线布局

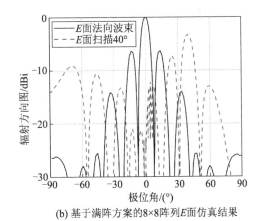

(b) 基于满阵方案的8×8阵列E面仿真结果

图 5-6　满阵方案的天线布局和仿真结果

为了解决这一问题,运用第 2 章提出的毫米波稀布阵优化算法对 AiP 阵列进行布局优化,优化后的稀布阵列的阵元布局如图 5-7(a)所示,稀疏率为

16%,阵元最小间距为 1.5 mm,$E$ 面和 $H$ 面波束在±60°扫描范围内均不会出现栅瓣。单片的 $E$ 面波束扫描方向图仿真结果如图 5-7(b)所示,可以看出,法向波束的副瓣电平约为−13 dB,波束可实现±60°之间的扫描。图 5-8(a)和图 5-9(a)分别为基于此稀布阵子阵进行阵列扩展的布局图,图 5-8(b)和图 5-9(b)分别为 $E$ 面波束扫描的辐射方向图仿真结果。可以看出,优化后的稀布阵列扩展为大阵列后,依旧具备良好的性能;$H$ 面的波束扫描方向图的仿真结果与 $E$ 面的结果是类似的,这里不作赘述。

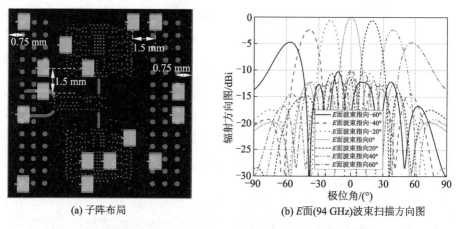

(a) 子阵布局　　　　　　　(b) $E$面(94 GHz)波束扫描方向图

**图 5-7　W 波段有源相控阵子阵布局和方向图仿真**

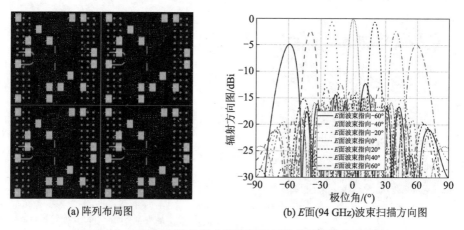

(a) 阵列布局图　　　　　　(b) $E$面(94 GHz)波束扫描方向图

**图 5-8　2×2 扩展的 W 波段有源相控阵子阵布局和方向图仿真**

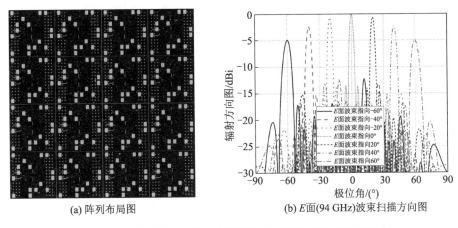

(a) 阵列布局图        (b) E面(94 GHz)波束扫描方向图

**图 5-9　4×4 扩展的 W 波段有源相控阵子阵布局和方向图仿真**

### 5.3.3　W 波段芯片与天线单元的互连网络设计

通过毫米波稀布阵算法优化 AiP 阵元的位置后,需要设计低损耗的垂直互连网络来实现芯片与天线单元的互连,所设计的互连网络如图 5-10 所示。HDI 多层封装板 M10 层的 Port 1~8、Port 9~16 分别为 2 片 W 波段芯片射频输出/输入口;HDI 多层板 M8 层的 Port 17~32 为 AiP 阵列天线各个单元的馈电端口;Port 1~16 通过所设计的垂直互连网络与 Port 17~32 依次互连。

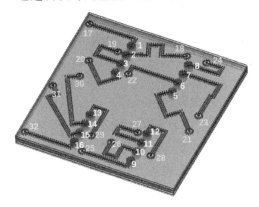

**图 5-10　W 波段芯片与天线单元的互连网络**

图 5-11 为所设计的互连网络的 S 参数仿真结果,可以看出,在 85 GHz～105 GHz 频带范围内,各个端口的反射系数均低于−10 dB 且相应的端口间的传输系数在−1.2 dB 至−0.6 dB 之间;在中心频点 94 GHz 处,端口间的传输相

位差小于 25°。

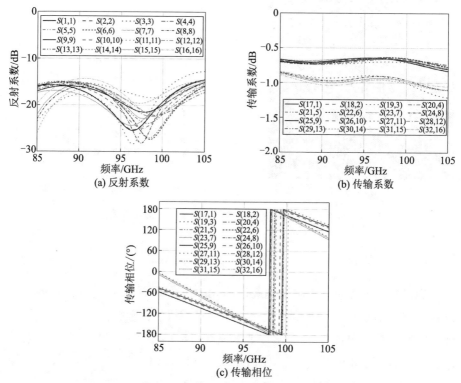

图 5-11　W 波段芯片与天线单元的互连网络 $S$ 参数仿真

## 5.4　天线测试

为了验证所设计的 W 波段相控阵封装天线的性能,对设计的阵列进行了加工和测试,图 5-12 为所加工的 W 波段有源相控阵集成系统实物照片,AiP 面积为 $(12 \times 12)$ mm$^2$,内部集成 2 片 W 波段收发芯片、1 片混频器和 16 个单元。与上一章的硅基 AiP 系统测试方法相同,需分别进行近场测试和远场测试。

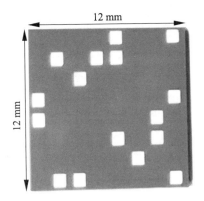

**图 5-12　W 波段有源相控阵集成系统实物加工照片**

### 5.4.1　近场校准测试

采用 4.5.2.1 节提出的近场通道测试方法对此 AiP 的 16 个射频通道进行调幅移相测试,测试现场如图 5-13 所示。

**图 5-13　W 波段有源相控阵封装系统近场测试现场**

因 AiP 集成系统中的 2 片 W 波段芯片是完全相同的,且工作在发射状态和接收状态的测试结果是类似的,因此这里只给出芯片工作在接收状态时通道 1~8 的测试结果。该 W 波段芯片采用的数字移相器位数为 6 位,共有 0~63 种相位态,移相精度为 5.625°;采用的数字幅度衰减器为 5 位,共有 0~32 种幅度态,幅度衰减精度为 0.5 dB。图 5-14 为通道 1~8 的移相曲线,可以看出各个通道移相性能较好;图 5-15 为通道 1~8 幅度衰减测试,可以看出射频通道的调幅性能良好,各个通道输出幅度一致性也较好,输出幅度相差在 1 dB 以内,每个通道均能实现 -16 dB 的最大衰减。

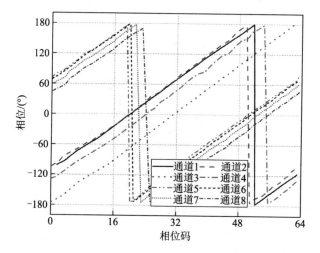

**图 5-14　W 波段芯片移相性能测试结果**

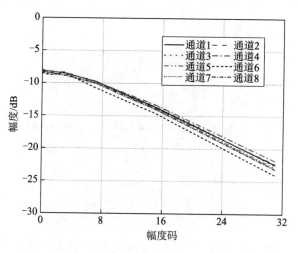

**图 5-15　W 波段芯片幅度测试结果**

### 5.4.2　远场方向图测试

图 5-16 为 W 波段有源相控阵封装集成系统发射和接收状态下的远场方向图测试框图。图 5-17 为 W 波段有源相控阵阵列在微波暗室中的测试现场图，通过对 W 波段有源相控阵阵列配置不同波束指向的相位，分别测得 W 波段有源相控阵集成系统在频点 92 GHz、94 GHz 和 96 GHz 的 E 面和 H 面波束扫描方向图，发射状态和接收状态的仿真测试对比结果如图 5-18 和图 5-19

所示。从图中可以看出,此相控阵天线可以实现 $E$ 面 $\pm 60°$ 扫描,$H$ 面实现 $\pm 60°$ 扫描;测试的波束形状、波束宽度以及波束指向基本和仿真结果一致。

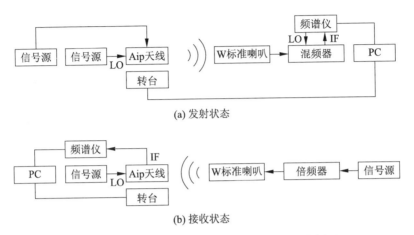

(a) 发射状态

(b) 接收状态

**图 5-16　W 波段有源相控阵 AiP 远场方向图测试框图**

**图 5-17　W 波段有源相控阵 AiP 远场测试现场**

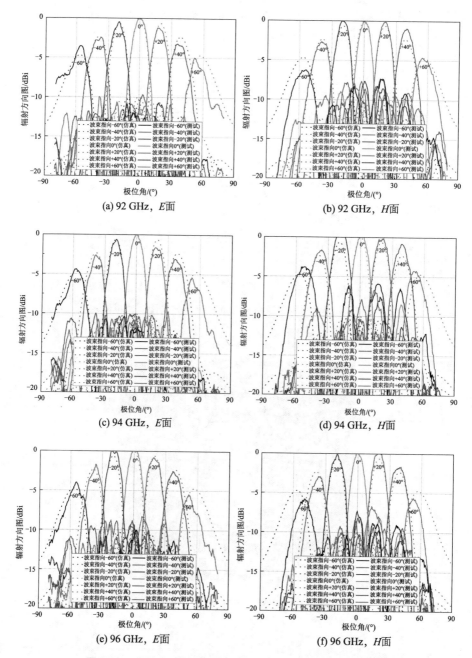

(a) 92 GHz，$E$面

(b) 92 GHz，$H$面

(c) 94 GHz，$E$面

(d) 94 GHz，$H$面

(e) 96 GHz，$E$面

(f) 96 GHz，$H$面

图 5-18　W 波段有源相控阵封装系统发射状态扫描方向图

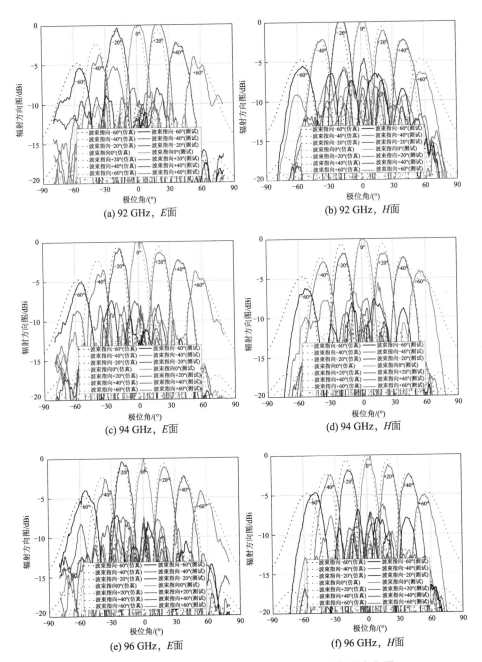

(a) 92 GHz，E面

(b) 92 GHz，H面

(c) 94 GHz，E面

(d) 94 GHz，H面

(e) 96 GHz，E面

(f) 96 GHz，H面

图 5-19　W 波段有源相控阵封装系统接收状态扫描方向图

## 5.5　本章小结

本章主要研究了基于 HDI 的有源相控阵封装天线。首先介绍了 HDI 封装工艺的特点,并基于此工艺提出了一种新型的 AiP 方案。该方案中的 W 波段芯片采用"倒装焊"方式焊接在多层有机板底部,天线设计在多层有机板顶部,通过设计的低损耗垂直互连网络实现芯片与天线的互连。该 AiP 方案的优势主要有以下两点:通过设计寄生贴片获得了带宽宽和高增益的辐射贴片天线;基于第 2 章提出的改进型遗传算法的稀布阵优化技术,设计了有源相控阵稀布阵天线,这样的设计既实现了封装系统中 W 波段芯片和天线的布局匹配使其具备阵列扩展能力,又优化了有源 AiP 的大角度扫描性能。另外,对基于此 AiP 封装方案的 16 单元 AiP 阵列进行了加工和测试,测试结果表明,此 AiP 可以实现 $E$ 面和 $H$ 面的 $\pm 60°$ 扫描,测试的波束形状、波束宽度以及波束指向基本和仿真结果一致,验证了该方案的优越性,也为 W 波段有源相控阵封装天线实现大角度波束扫描提供了有价值的参考。

# 第6章　总结与展望

## 6.1　总结

本研究从 W 波段的特性和现阶段 W 波段系统实现高性能天线和高集成度所遇到的实际困难及挑战出发，针对 W 波段有源相控阵天线带宽窄、成本高及封装集成难等问题，开展了深入的研究工作，主要包括毫米波稀布阵优化技术、应用于 W 波段封装集成天线的垂直互连技术、基于硅基三维集成工艺的高性能 AiP，以及基于 HDI 的 AiP。本研究主要的工作和贡献如下：

（1）研究了毫米波稀布阵优化技术。首先提出了一种基于改进型遗传算法的稀布阵优化算法，以提高传统遗传算法的局部搜索能力和收敛性；然后基于此高性能算法设计了一款新颖的 W 波段单脉冲稀疏喇叭阵列天线和一款 W 波段有源相控阵稀布喇叭阵列天线。在两款 W 波段稀布阵设计中，通过优化阵列中阵元的布局，实现了阵列天线的低副瓣电平和窄波束，所设计的低损耗非规则波导互连网络实现了非规则分布的稀布阵阵元和规则分布的馈电端口之间的转换，这也是稀布喇叭阵列天线工程实现的关键环节。最终通过仿真和测试，验证了所提出的稀布阵算法和所设计的 W 波段阵列天线的良好性能，为毫米波稀布阵优化理论和低成本高性能的 W 波段有源相控阵天线的设计提供了有价值的参考。

（2）研究了 W 波段封装集成工艺的垂直互连技术。分别基于传统的 PCB 工艺和硅基三维集成工艺设计了两种不同的 W 波段信号垂直互连传输结构，用于满足封装集成天线系统中天线与有源射频电路的低损耗和小尺寸的互连需求。其中，基于 PCB 工艺的 GCPW 转 GCPWG 垂直互连结构具有结构简单、易加工和成本低的特点，仿真结果表明，该垂直互连结构在 85 GHz～105 GHz 频带范围内，两端口的反射系数均低于－15 dB，在中心频点 94 GHz 处的传输系数约为－0.73 dB。此外，基于 TSV 的 GCPW 转带状线垂直互连结构通过 2 块硅基板堆叠而成，测试结果表明，在 94 GHz 处垂直过孔 TSV 的损耗约为 0.35 dB。综合来看，所设计的两种不同工艺的垂直互连转换结构都具有良好的性能,为 W 波段封装天线中信号垂直互连结构的设计提供了有价值的方案。

(3) 研究了基于硅基三维集成工艺的 W 波段封装天线。基于硅基三维集成工艺提出了一种新型的 W 波段封装天线方案。该 AiP 方案的优势主要有以下两点:在硅基板上集成了低介电常数和低损耗的石英天线,从而可实现高性能的辐射天线;在两层硅基板上刻蚀了空腔用来放置 W 波段功能发射芯片、功分器芯片和混频器芯片,并在空腔周围通过 TSV 形成了屏蔽墙。这样的设计一方面可以降低其他信号的干扰,另一方面也减小了整个系统剖面的尺寸,提高了集成密度。接着基于所提出的新型 AiP 方案,设计了一款 W 波段 2×4 无源阵列和一款 W 波段 8×8 有源相控阵封装集成系统。经测试,基于此 AiP 方案设计的 2×4 无源阵列和 8×8 有源相控阵封装系统皆具有良好的性能,验证了此 AiP 封装方案的优越性。

(4) 研究了基于 HDI 的 W 波段封装天线。基于 HDI 提出了一种新型的 AiP 方案。该方案中 W 波段芯片采用"倒装焊"方式焊接在多层有机板底部,天线设计在多层有机板顶部,通过设计的低损耗垂直互连网络实现芯片与天线的互连。该 AiP 方案的优势主要有以下两点:通过设计寄生贴片获得了宽带和高增益的辐射贴片天线;基于稀布阵优化技术,设计了有源相控阵稀布阵天线,这样的设计既实现了封装系统中 W 波段芯片和天线的布局匹配使其具备阵列扩展能力,又优化了有源 AiP 的大角度扫描性能。对基于此 AiP 封装方案的 16 单元的 AiP 阵列进行了加工和测试,测试结果表明,此 AiP 阵列天线可以实现 $E$ 面和 $H$ 面的 ±60° 扫描,测试的波束形状、波束宽度以及波束指向基本和仿真结果一致,验证了该方案的优越性,也为低成本的 W 波段有源相控阵封装天线实现大角度波束扫描提供了有价值的参考。

## 6.2　展望

本研究主要对 W 波段稀布阵天线及封装天线展开一系列的研究,虽然取得了一定的成果,如发表了一些国际学术期刊论文、会议论文和申请了发明专利等,但受限于攻读博士时间和作者自身水平,本研究还有很多工作需要进一步的研究和完善,可总结为以下几个方面:

(1) 稀布阵优化技术的进一步研究。文中基于改进型遗传算法开展了毫米波稀布阵优化技术的研究,并基于有源单元方向图法快速获取阵列辐射方向图,但代入计算的有源单元方向图并没有考虑到阵列的边缘效应。对大规模阵列而言,阵列单元的边缘效应可以忽略不计,但对于小阵列而言,阵列的边缘单元的有源方向图对阵列方向图的影响需要进一步细化研究。此外,文中提出的改进研究主要针对遗传算法自身,这种改进也可以融合其他智能算法,取长补短,以达到提高稀布阵算法性能的目的。

(2) W 波段封装集成技术中的垂直互连技术需进一步研究。本文基于类同轴结构设计了几种不同的低损耗的垂直互连结构,在研究垂直互连技术时,并没有考虑到芯片端的射频传输线以及焊接芯片引脚的 BGA 对互连性能的影响,因此需要对垂直互连结构开展更加全面和细化的研究。

(3) W 波段 AiP 实现宽角度扫描的进一步研究。文中基于 HDI 设计了一款采用稀布阵的 W 波段有源相控阵封装天线,实现了阵列的大角度扫描。后续工作中,还应开展有源相控阵单元间的去耦合研究,从而进一步降低单元间的耦合,提高天线的性能。

# 参考文献

［1］ GHASSEMI N, WU K. Planar dielectric rod antenna for gigabyte chip-to-chip communication［J］. IEEE Transactions on Antennas and Propagation, 2012, 60（10）: 4924-4928.

［2］ HU S, XIONG Y Z, WANG L, et al. Compact high-gain mmwave antenna for TSV-based system-in-package application［J］. IEEE Transactions on Components, Packaging and Manufacturing Technology, 2012, 2（5）: 841-846.

［3］ MENG H F, CHEN Y, DOU W B. Design of dual-polarized monopulse antenna at W-band［J］. Journal of Infrared and Millimeter Waves, 2019, 38（1）:74-78.

［4］ CHENG Y J, HONG W, WU K. 94 GHz substrate integrated monopulse antenna array［J］. IEEE Transactions on Antennas and Propagation, 2012, 60（1）: 121-129.

［5］ LING C C, REBEIZ G M. A 94 GHz planar monopulse tracking receiver［J］. IEEE Transactions on Microwave Theory and Techniques, 1994, 42（10）: 1863-1871.

［6］ MOLDOVAN E, TATU S O, GAMAN T, et al. A new 94-GHz six-port collision-avoidance radar sensor［J］. IEEE Transactions on Microwave Theory and Techniques, 2004, 52(3): 751-759.

［7］ BALANIS C A. Antenna theory: Analysis and design［M］. 3rd ed. New York: John Wiley & Sons,Inc. , 2005.

［8］ 操宝林. W 波段高增益平面天线及阵列研究［D］. 南京:南京理工大学, 2016.

［9］ 张跃平. 封装天线技术发展历程回顾［J］. 中兴通讯技术, 2017, 23（6）: 41-49.

［10］陈春伶. 稀布阵列优化技术研究［D］. 哈尔滨:哈尔滨工程大学, 2018.

［11］HARRINGTON R. Sidelobe reduction by nonuniform element spacing［J］. IEEE Transactions on Antennas and Propagation, 1961, 9(2)：187-192.

［12］SKOLNIK M L, SHERMAN J, OGG F. Statistically designed density-tapered arrays［J］. IEEE Transactions on Antennas and Propagation, 1964, 12 (4)：408-417.

［13］LO Y, LEE S. A study of space-tapered arrays［J］. IEEE Transactions on Antennas and Propagation, 1966, 14(1)：22-30.

［14］张玉洪, 保铮. 最佳非均匀间隔稀布阵列的研究［J］. 电子学报, 1989 (4)：81-87.

［15］张玉洪, 保铮. 任意分布阵列天线波束宽度的精确估计［J］. 西安电子科技大学学报, 1988(2):1-6.

［16］张玉洪, 保铮. 加权直线天线阵的最佳稀布［J］. 电子学报, 1990(5)：34-39.

［17］张玉洪. 非均匀间隔稀布阵列的旁瓣电平限制［J］. 西安电子科技大学学报, 1992, 19(4):45-49.

［18］姚昆, 杨万麟. 最佳稀布直线阵列的分区动态规划法［J］. 电子学报, 1994, 22(12)：87-89.

［19］JOHNSON M J, RAHMAT-SAMII Y. Genetic algorithm optimization and its application to antenna design［C］. Antennas and Propagation Society International Symposium, USA. IEEE, 1994.

［20］FLAUPT R L. Thinned arrays using genetic algorithms［J］. IEEE Transactions on Antennas and Propagation, 1994, 42(7)：993-999.

［21］YAN K K, LU Y. Sidelobe reduction in array-pattern synthesis using genetic algorithm［J］. IEEE Transactions on Antennas and Propagation, 1997, 45(7)：1117-1121.

［22］HAUPT R L. Antenna design with a mixed integer genetic algorithm［J］. IEEE Transactions on Antennas and Propagation, 2007, 55(3)：577-582.

［23］HOLLAND J H. Adaptation in natural and artificial systems［M］. Ann Arbor：University of Michigan Press, 1975.

［24］ MURINO V, TRUCCO A, REGAZZONI C S. Synthesis of unequally spaced arrays by simulated annealing［J］. IEEE Transactions on Signal Processing, 1996, 44(1): 119-122.

［25］ XIE P, CHEN K S, HE Z S. Synthesis of sparse cylindrical arrays using simulated annealing algorithm［J］. Progress in Electromagnetics Research Letters, 2009, 9: 147-156.

［26］ 王哲. 阵列方向图综合方法研究［D］. 西安:西安电子科技大学, 2009.

［27］ KENNEDY J, EBERHART R. Particle swarm optimization［C］. IEEE International Conference on Neural Networks, 2002, 4(8): 1942-1948.

［28］ JIN N, RAHMAT-SAMII Y. Advances in particle swarm optimization for antenna designs: Real-number, binary, single-objective and multiobjective implementations［J］. IEEE Transactions on Antennas and Propagation, 2007, 55(3): 556-567.

［29］ KURUP D G, HIMDI M, RYDBERG A. Synthesis of uniform amplitude unequally spaced antenna arrays using the differential evolution algorithm［J］. IEEE Transactions on Antennas and Propagation, 2003, 51(9): 2210-2217.

［30］ DONG J, SHI R, GUO Y. Minimum redundancy MIMO array synthesis with a hybrid method based on cyclic difference sets and ACO［J］. International Journal of Microwave and Wireless Technologies, 2017, 9(1): 35-43.

［31］ ZHANG X, ZHANG X, WANG L. Antenna design by an adaptive variable differential artificial bee colony algorithm［J］. IEEE Transactions on Magnetics, 2018, 54(3):1-4.

［32］ LEBRET H, BOYD S P. Antenna array pattern synthesis via convex optimization［J］. IEEE Transactions on Signal Processing, 1997, 45(3): 526-532.

［33］ CARIN L. On the relationship between compressive sensing and random sensor arrays［J］. IEEE Antennas and Propagation Magazine, 2009, 51(5): 72-81.

［34］ WANG X K, JIAO Y C, LIU Y. Synthesis of large planar thinned arrays using IWO-IFT algorithm[J]. Progress in Electromagnetics Research, 2013, 136: 29-42.

[35] OLIVERI G, MORIYAMA T. Hybrid PSO-CP technique for the synthesis of non-uniform linear arrays with maximum directivity[J]. Journal of Electromagnetic Waves and Applications, 2015, 29(1): 113-123.

[36] YOU P F, LIU Y H, HUANG X, et al. Efficient phase-only linear array synthesis including coupling effect by GA-FFT based on least-square active element pattern expansion method[J]. Electronics Letters, 2015, 51(10): 791-792.

[37] LIU Y H, NIE Z P, LIU Q H. A new method for the synthesis of non-uniform linear arrays with shaped power patterns[J]. Progress in Electromagnetics Research, 2010, 107: 349-363.

[38] 王建. 基于数据重构的稀布阵数字波束形成技术研究[D]. 南京:南京理工大学, 2016.

[39] HUANG X, LIU Y H, YOU P F, et al. Fast linear array synthesis including coupling effects utilizing iterative FFT via least-squares active element pattern expansion [J]. IEEE Antennas and Wireless Propagation Letters, 2017, 16(1): 804-807.

[40] YAN S P, GU P F, DING D Z, et al. Unitary matrix pencil method for sparse linear array pattern synthesis[C]. Applied Computational Electromagnetics Society Symposium (ACES), 2017.

[41] HONG Y, LV Y H, LUO H Y, et al. Artificial neural network with active element pattern technique for finite periodic array design[C]. IEEE International Symposium on Antennas and Propagation and North American Radio Science Meeting, 2020: 2047-2048.

[42] BAI J J, LIU Y H, REN Y, et al. Efficient synthesis of linearly polarized shaped patterns using iterative FFT via vectorial least-square active element pattern expansion[J]. IEEE Transactions on Antennas and Propagation, 2021, 69(9): 6040-6045.

[43] WEISS M A, CASSELL R B. Microstrip millimeter wave antenna study [M]. New York: John Wiley & Sons, Inc., 1979.

［44］ SHEN R, YE X Z, XIE J H, et al. A W-band circular box-horn antenna array radiating sum and difference beams with suppressed sidelobe［J］. IEEE Transactions on Antennas and Propagation, 2019, 67（9）: 5934 - 5942.

［45］ 孟洪福, 陈阳, 窦文斌. W 波段双极化单脉冲天线设计［J］. 红外与毫米波学报, 2019, 38(1):74-78.

［46］ 邓作, 李浩, 姜利辉, 等. 宽带 W 波段 Flaps 天线仿真与设计［C］. 第九届全国高功率微波会议, 2013.

［47］ PAN J J, YANG J, SHEN Y, et al. 115 GHz low-cost oscillator-integrated reflectarray［C］. International Applied Computational Electromagnetics Society（ACES-China）Symposium, 2021:1-2.

［48］ 时亮, 赵国强, 徐海涛. 一种 W 波段波导缝隙阵列天线的研究［C］. 2013 年全国微波毫米波会议, 2013.

［49］ 李绪平, 李斌, 张盛华, 等. 3 mm 平板波导缝隙阵天线设计研究［J］. 微波学报, 2014, 30(2):1-5.

［50］ 檀雷, 张剑, 王文博, 等. W 波段低旁瓣波导缝隙行波阵天线［J］. 东南大学学报（自然科学版）, 2017, 47(5):850-855.

［51］ MENG H F, CHEN Y, DOU W B. Design and fabrication of W-band waveguide slotted array antenna based on milling process［J］. International Journal of Antennas and Propagation, 2020.

［52］ 关东方, 陈海平, 江顺, 等. SIW 平面阵列天线技术综述［J］. 军事通信技术, 2016, 37(3): 31-34.

［53］ CHENG Y J, HONG W, WU K. 94 GHz substrate integrated monopulse antenna array［J］. IEEE Transactions on Antennas and Propagation, 2012, 60（1）: 121-129.

［54］ CHENG Y J, WANG J, LIU X L. 94 GHz substrate integrated waveguide dual-circular-polarization shared-aperture parallel-plate long-slot array antenna with low sidelobe level［J］. IEEE Transactions on Antennas and Propagation, 2017, 65(11): 5855-5861.

［55］ WANG X C, YU C W, QIN D C, et al. W-band high-gain substrate integrated cavity antenna array on LTCC[J]. IEEE Transactions on Antennas and Propagation, 2019, 67(11): 6883-6893.

[56] 赵国强, 时亮, 陈卓著, 等. 一种 W 波段圆极化微带天线研究[J]. 电波科学学报, 2013, 28(3):479-484.

[57] 张慧, 余英瑞, 徐俊, 等. 77 GHz 车载毫米波中远距雷达天线阵列设计[J]. 强激光与粒子束, 2017, 29(10): 52-55.

[58] CHEN X L, MENG H F. Design and implementation of a high gain array antenna for W-band applications[C]. 2021 IEEE MTT-S International Wireless Symposium (IWS), 2021.

[59] CHENG Y J, GUO Y X, LIU Z G. W-band large-scale high-gain planar integrated antenna array[J]. IEEE Transactions on Antennas and Propagation, 2014, 62(6):3370-3373.

[60] LI Y J, LUK K M. 60 GHz substrate integrated waveguide fed cavity-backed aperture-coupled microstrip patch antenna arrays[J]. IEEE Transactions on Antennas and Propagation, 2015, 63(3):1075-1085.

[61] YUAN Q, HAO Z C, FAN K K, et al. A compact W-band substrate-integrated cavity array antenna using high-order resonating modes[J]. IEEE Transactions on Antennas and Propagation, 2018, 66(12): 7400-7405.

[62] LUO H, TAN W H, GAN L N, et al. Design and implementation of a W-band 16×16-slot array antenna with low sidelobe level[J]. IEEE Antennas and Wireless Propagation Letters, 2019, 99(1):1-5.

[63] ZHANG Y P, SUN M, CHUA K M, et al. Antenna-in-package in LTCC for 60-GHz radio[J]. IEEE International Workshop on Antenna Technology: Small and Smart Antennas Metamaterials and Applications, 2007.

[64] DONG G K, LIU D X, NATARAJAN A, et al. Low-cost antenna-in-package solutions for 60-GHz phased-array systems[J]. 19th Topical Meeting on Electrical Performance of Electronic Packaging and Systems, 2010:93-96.

[65] LIU D X, AKKERMANS J A G, CHEN H C, et al. Packages with integrated 60-GHz aperture-coupled patch antennas[J]. IEEE Transactions on Antennas and Propagation, 2011, 59(10): 3607-3616.

［66］ZHANG Y P, SUN M, LIU D X, et al. Dual grid array antennas in a thin-profile package for flip-chip interconnection to highly integrated 60-GHz radios［J］. IEEE Transactions on Antennas and Propagation, 2011, 59（4）: 1191-1199.

［67］HONG W B, GOUDELEV A, BAEK K H, et al. 24-element antenna-in-package for stationary 60-GHz communication scenarios［J］. IEEE Antennas and Wireless Propagation Letters, 2011, 10（1897）: 738-741.

［68］HONG W B, BAEK K H, GOUDELEV A. Multilayer antenna package for IEEE 802. 11ad employing ultralow-cost FR4［J］. IEEE Transactions on Antennas and Propagation, 2012, 60（12）: 5932-5938.

［69］HONG W B, BAEK K H, GOUDELEV A. Grid assembly-free 60-GHz antenna module embedded in FR-4 transceiver carrier board［J］. IEEE Transactions on Antennas and Propagation, 2013, 61（4）: 1573-1580.

［70］COHEN E, RUBERTO M, COHEN M, et al. A CMOS bidirectional 32-element phased-array transceiver at 60 GHz with LTCC antenna［J］. IEEE Transactions on Microwave Theory and Techniques, 2013, 61（3）: 1359-1375.

［71］BAUER F, WANG X, MENZEL W, et al. A 79-GHz radar sensor in LTCC technology using grid array antennas［J］. IEEE Transactions on Microwave Theory and Techniques, 2013, 61（6）: 2514-2521.

［72］BEER S, RUSCH C, GOTTLE B, et al. D-band grid-array antenna integrated in the lid of a surface-mountable chip-package［C］. European Conference on Antennas and Propagation, 2013: 1318-1322.

［73］GU X X, LIU D X, BAKS C, et al. A compact 4-chip package with 64 embedded dual polarization antennas for W-band phased-array transceivers［C］. Proceedings-Electronic Components and Technology Conference, 2014:1272-1277.

［74］PENG P J, CHEN P N, KAO C, et al. A 94 GHz 3D image radar engine with 4TX/4RX beamforming scan technique in 65 nm CMOS technology［J］. IEEE Journal of Solid-State Circuits,2015,50（3）:656-668.

［75］TOWNLEY A, SWIRHUN P, TITZ D, et al. A 94-GHz 4TX-4RX phased-array FMCW radar transceiver with antenna-in-package［J］. IEEE Journal of Solid-State Circuits, 2017, 52(5):1245−1259.

［76］SHAHRAMIAN S, HOLYOAK M, SINGH A, et al. A fully integrated 384-element scalable W-band phased-array module with integrated antennas, self-alignment and self-test［C］. IEEE ISSCC, 2018.

［77］YI H Q , OZTURK E, KOELINK M, et al. Antenna-in-package (AiP) using through-polymer vias (TPVs) for a 122-GHz radar chip［J］. IEEE Trans Components, Packaging and Manufacturing Technology, 2022, 12 (6):893−901.

［78］LI H B, CHEN J X, HOU D B, et al. W-band scalable 2×2 phased-array transmitter and receiver chipsets in SiGe BiCMOS for high data-rate communication［J］. IEEE Journal of Solid-State Circuits, 2022, 57(9):1−17.

［79］WANG D, CHENG Y J, DAI Y, et al. Design of a 94 GHz high-efficiency dual-polarized stacked-patch antenna in package［C］. 2021 International Conference on Microwave and Millimeter Wave Technology (ICMMT), 2021.

［80］成海峰. 毫米波太赫兹固态功率合成关键技术研究［D］. 南京:东南大学, 2022.

［81］张涛. 毫米波封装天线的设计与实现［D］. 南京:东南大学, 2017.

［82］操宝林. W 波段高增益平面天线及阵列研究［D］. 南京:南京理工大学, 2016.

［83］陈客松. 稀布天线阵列的优化布阵技术研究［D］. 成都:电子科技大学, 2006.

［84］DE JONG, KENNETH ALAN. An analysis of the behavior of a class of genetic adaptive systems［D］. Ann Arbor:University of Michigan ProQuest Dissertations & Theses, 1975.

［85］GOLDBERG D E. Genetic algorithms in search, optimization, and machine learning ［M］. Massachusetts:Addison-Wesley Publishing Company, Inc. ,1989.

［86］SCHRAUDOLPH N N, BELEW R K. Dynamic parameter encoding for ge-
netic algorithms［J］. Machine Learning, 1992, 9(1): 9-21.

［87］DAVIS L D. Handbook of genetic algorithm［M］. New York: Van Nostrand
Reinhold Company, 1991.

［88］HOLLAND J H. Building blocks, cohort genetic algorithms, and hyper-
plane-defined functions［J］. Evolutionary Computation, 2000, 8(4), 373-
391.

［89］SANDEEP S, MAINUDDIN, KANAUJIA B K, et al. Design of 4-element
microstrip array of wideband reflector antenna with stable high gain charac-
teristics［J］. Microsystem Technologies, 2019, 25(8): 3193-3201.

［90］SHEN R, YE X Z, MIAO J G. Design of a multimode feed horn applied in
a tracking antenna［J］. IEEE Transactions on Antennas and Propagation,
2017, 65(6): 2779-2788.

［91］TAN W H, LUO H, ZHAO G Q. Design of a W-band dual-polarization mo-
nopulse reflector antenna［J］. Aces Journal, 2019, 34(6): 905-908.

［92］SINGH A K. A low cost, low side lobe and high efficiency non-orthogonally
coupled slotted waveguide array antenna for monopulse radar tracking［J］.
IEEE Antennas and Propagation Society. International Symposium, 2005,
3A: 732-735.

［93］WANG Y W, WANG G M, YU Z W, et al. Ultra-wideband E-plane mono-
pulse antenna using vivaldi antenna［J］. IEEE Transactions on Antennas
and Propagation, 2014, 62(10): 4961-4969.

［94］LIU B, HONG W, KUAI Z Q, et al. Substrate integrated waveguide (SIW)
monopulse slot antenna array ［J］. IEEE Transactions on Antennas and
Propagation, 2009, 57(1): 275-279.

［95］ZHENG P, HU B, XU S H, et al. A W-band high-aperture-efficiency mul-
tipolarized monopulse cassegrain antenna fed by phased microstrip patch
quad［J］. IEEE Antennas and Wireless Propagation Letters, 2017, 16:
1609-1613.

[ 96 ] ZHU J F, LIAO S W, LI S F, et al. 60 GHz substrate-integrated waveguide-based monopulse slot antenna arrays[J]. IEEE Transactions on Antennas and Propagation, 2018, 66(9): 4860-4865.

[ 97 ] KINSEY R R. An edge-slotted waveguide array with dual-plane monopulse [J]. IEEE Transactions on Antennas and Propagation, 1999, 47(3): 474-481.

[ 98 ] VOSOOGH A, KILDAL P S, VASSILEV V. Wideband and high-gain corporate-fed gap waveguide slot array antenna with ETSI class II radiation pattern in V-band[J]. IEEE Transactions on Antennas and Propagation, 2017, 65(4): 1823-1831.

[ 99 ] SEHM T, LEHTO A, RAISANEN A V. A large planar 39-GHz antenna array of waveguide-fed horns[J]. IEEE Transactions on Antennas and Propa-gation, 1998, 46(8): 1189-1193.

[100] SEHM T, LEHTO A, RAISANEN A V. A high-gain 58-GHz box-horn array antenna with suppressed grating lobes[J]. IEEE Transactions on Antennas and Propagation, 1999, 47(7): 1125-1130.

[101] KIM D, HIROKAWA J, ANDO M, et al. 4×4-element corporate-feed waveguide slot array antenna with cavities for the 120 GHz-band[J]. IEEE Transactions on Antennas and Propagation, 2013, 61(12): 5968-5975.

[102] HUANG G L, ZHOU S G, CHIO T H, et al. A low profile and low side-lobe wideband slot antenna array feb by an amplitude-tapering waveguide feed-network[J]. IEEE Transactions on Antennas and Propagation, 2015, 63(1): 419-423.

[103] SHEN R, YE X Z, XIE J H, et al. A W-band circular box-horn antenna array radiating sum and difference beams with suppressed sidelobe [J]. IEEE Transactions on Antennas and Propagation, 2019, 67(9): 5934-5942.

[104] YOU L Z, DOU W B. Design and optimization of planar waveguide magic tee at W-band[J]. 2007 International Conference on Microwave and Milli-meter Wave Technology, 2007, 1: 211-214.

[105] ZHENG P, ZHAO G Q, XU S H, et al. Design of a W-band full-polarization monopulse cassegrain antenna[J]. IEEE Antennas and Wireless Propagation Letters, 2017, 16: 99-103.

[106] VOSOOGH A, HADDADI A, ZAMAN A U, et al. W-band low-profile monopulse slot array antenna based on gap waveguide corporate-feed network[J]. IEEE Transactions on Antennas and Propagation, 2018, 66 (12): 6997-7009.

[107] COHEN E, RUBERTO M, COHEN M, et al. A CMOS bidirectional 32-element phased-array transceiver at 60 GHz with LTCC antenna[J]. IEEE Transactions on Microwave Theory and Techniques, 2013, 61(3): 1359-1375.

[108] 张德齐. 微波天线[M]. 北京:国防工业出版社,1987.

[109] 张晓璐. 一种平面型宽带单脉冲天线研究[D]. 西安:西安电子科技大学, 2014.

[110] 边国辉, 方一波, 吴小帅. 用于制造微波多芯片组件的 LTCC 技术[J]. 半导体技术, 2008(5): 378-380.

[111] 田胜军. 多芯片组件(MCM)技术及封装趋势[J]. 中国科技信息, 2005 (16): 74,76.

[112] POZAR. 微波工程[M]. 谭云华, 周乐柱, 吴德明, 等译. 北京:电子工业出版社, 2019.

[113] HOWE H Jr. Stripline circuit design[M]. Mass:Artech House, 1974.

[114] BAHL I J, GARG R. A designer's guide to stripline circuits[J]. Microwaves, 1978: 90-96.

[115] SIMONS R N. Coplanar waveguide circuits, components, and systems [M]. New York: John Wiley & Sons, Inc., 2001.

[116] 周骏. 微波毫米波三维高密度 SIP 技术研究[D]. 南京:东南大学, 2013.

[117] 王连杰. 相控阵前端垂直互连技术研究[D]. 成都:电子科技大学, 2018.

[118] 郁元卫. 硅基异构三维集成技术研究进展[J]. 固体电子学研究与进

展，2021，41（1）：1-9.

［119］LIU C. 微机电系统基础［M］. 黄庆安,译. 北京:机械工业出版社,
2013:10-15.

［120］朱健. 3D 堆叠技术及 TSV 技术［J］. 固体电子学研究与进展,2012,
32（1）:73-77.

［121］WOLF M J, RAMM P, KLUMPP A, et al. Technologies for 3D wafer
level heterogeneous integration［C］. Symposium on Design, Test, Integra-
tion and Packaging of MEMS/MOEMS, 2008:123-126.

［122］费井汉. 毫米波晶圆级封装中垂直互连结构设计［D］. 成都:电子科技
大学,2021.

［123］STUTZMAN W L, THIELE G A. Antenna theory and design［M］. 3rd ed.
Hoboken, NJ：Wiley, 2013.

［124］AANANDAN C K, MOHANAN P, NAIR K G. Broad-band gap coupled
microstrip antenna［J］. IEEE Transactions on Antennas and Propagation,
1990, 38（10）:1581-1586.

［125］BAHL I J, BHARTIA P. Microstrip antennas［M］. Boston：Artech
House, 1980.

［126］张光义. 相控阵雷达技术［M］. 北京:国防工业出版社,1994.